一本五位美国总统
共同推荐的书

积极思考的力量

虞 青 编译

光明日报出版社

图书在版编目（CIP）数据

积极思考的力量 / 虞青编译 . -- 北京：光明日报出版社，2012.6
（2025.4 重印）

ISBN 978-7-5112-2390-6

Ⅰ.①积… Ⅱ.①虞… Ⅲ.①思维科学 Ⅳ.① B80

中国国家版本馆 CIP 数据核字 (2012) 第 076583 号

积极思考的力量

JIJI SIKAO DE LILIANG

编　译：虞　青

责任编辑：李　娟　　　　　　　　责任校对：荣　华
封面设计：玥婷设计　　　　　　　责任印制：曹　净

出版发行：光明日报出版社
地　　址：北京市西城区永安路 106 号，100050
电　　话：010-63169890（咨询），010-63131930（邮购）
传　　真：010-63131930
网　　址：http://book.gmw.cn
E - mail：gmrbcbs@gmw.cn
法律顾问：北京市兰台律师事务所龚柳方律师

印　　刷：三河市嵩川印刷有限公司
装　　订：三河市嵩川印刷有限公司
本书如有破损、缺页、装订错误，请与本社联系调换，电话：010-63131930

开　　本：170mm×240mm
字　　数：200 千字　　　　　　　印　　张：14
版　　次：2012 年 6 月第 1 版　　印　　次：2025 年 4 月第 4 次印刷
书　　号：ISBN 978-7-5112-2390-6-02

定　　价：45.00 元

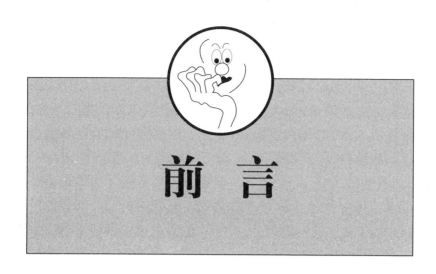

前 言

　　这本书能带给你什么？

　　本书是一部心理辅导教程，里面所引用的例子都只为说明一个问题，那就是我们不应该惧怕任何事，我们本应拥有平静的心态、健康的身体以及永远都不会枯竭的力量。简单地说，我们的生活应该充满快乐和满足。书中罗列了许多可以用来帮助我们解决个人问题的方法，很容易掌握，操作起来也很简单。对于这些方法的效果，我可以说是深信不疑。虽然这话听起来太过于肯定，但是事实证明确实如此。

　　生活让太多的人感觉挫败，不断挣扎，甚至在荆棘中前行。人们总无法摆脱头上的乌云，似乎这一切都与"晦气"有关。从某个角度来说，或许在生命里真有所谓的"晦气"存在。但是，请不要忘记精神力量的作用。我们能控制自己的意志，甚至可以通过意志来改变这种"晦气"。人不应该屈服于任何困难、悲伤以及艰险，放任自流的人是可悲的。

　　这样说并不代表我在随意缩小甚至是忽略有关困苦或是悲伤的程度，而是想告诉人们不应该被任何消极情绪所左右。正是因为自身的纵容，原本的障碍才会越变越大，最终完全控制人的思维。学习将所有的问题都抛在脑后，不再让其影响我们的意志，使用精神力量来克服它们。跟着我的方法去做，生活的快乐和幸福就会重新回你的身边。记住，人永远只会被自己所打败。这本书就是为了教会你如何战胜自我。

写书的初衷非常简单，不是为了文字的华丽或是多少学术上的分量。我只是本着实用、易行的目的，期望能够帮助读者提高个人的心理素质。希望通过阅读这本书，大家可以拥有一种快乐和满足的生活。相信我，它可以帮你成就一生。书中的逻辑理论十分简单，语言朴素，营造了一种轻松的氛围，相信读者若能遵从书上的方法便可以重塑自我，拥有理想中的完美生活。

通读全书，细细品味，按照其中的原理和规则反复练习，等待你的将会是无数奇迹。书中所列的技巧可以帮你改变自己，甚至是能改变你现实所处的环境，让你变被动为主动。它会帮你改善人际关系，让你变得更受欢迎，得到更多的尊敬。明白这其中的道理，你会感受到一种不同于过去的幸福，拥有过去不曾意识到的健康，并且体味到生活中最原始、最真切的快乐。你甚至会觉得自己精力百倍，无所不能，而同时你还可以将这种力量散播开去。

目　录

人贵在自信……………………………………………1

人要相信自己，更要相信自己的能力！自卑且不确信自己力量的人是不可能感受成功与快乐的，只有自信的人才能拥有这一切。

心静则神清力聚……………………………………… 18

生活中的人们会因为各种原因而产生紧张的情绪，但请记住拥有平静、和谐以及无忧无虑的心情才是最为简单和轻松的生活方式。

源源不断的活力……………………………………… 36

人的机体可以在一段时间的互相作用下制造出我们生活工作所需要的全部能量。如果个体可以在开始的时候就注意饮食、运动、睡眠以及其他非物理性伤害等方面之间的均衡，那么他们就可以一直保持良好的健康状态，同时能量的供应也可以维持在很高的水平。

创造自己的快乐……………………………………… 51

在任何时候都要保持一颗孩童般纯真的心，因为这样我们才能快乐。所以，永远都不要让自己的心老去，不要再为一些无谓的烦琐之事而浪费活力，不要让自己变得老谋深算。

消灭消极情绪……………………………………… 71

很多时候人们感觉生活不易，其实那都是作茧自缚的思想在作祟。人类愤怒与焦躁的情绪经常会在不经意间把自身的力量给带走，这本身就是一种极大的资源浪费。

希望是成功的种子……………………………… 90

充满希望的人总能够拥有神奇的力量，精神力量的作用会带你走入理想的画面。但是相反的，怀疑、没有信心的人就无法集中原本拥有的力量，消极的思想会将胜利的果实推向它方。

永不言败………………………………………… 113

逆流而上远比顺水而下困难得多，所以与顺境相比，能够在逆境中保持斗志的人就显得不那么简单。想要成功，那么告诉你一个秘诀：永远不要为困难所吓倒。

目 录

不做忧虑的奴隶·················131

人忧虑得越少，越能以最好的状态出发，系统化地清理自己的思想，这样我们才能踏上正确的节拍。

解决个人问题的力量··············147

如果有一天你陷入了困境，你是否知道该如何面对它？你是否拥有明确的计划来让自己走出困难的泥淖？你是否拥有控制局面，不让问题进一步扩大的能力？

信念疗法····················164

每当人们意识到信念的存在并且合理利用它时，信念便会释放出巨大的能量。这样的能量可以帮助人们战胜疾病，重塑健康。

健康法则的应用················181

恼怒、气愤、怨恨以及仇恨是疾病的强力诱导剂。那么面对这些情绪的时候我们又该如何抵挡它们，不让自己受到伤害呢？答案很明显，那就是用积极、宽容、信念、友爱以及冷静的思想来填充我们的大脑。

新思想，新自我·················196

　　几乎所有的成就都是从一个非凡的创意开始的。有了创意，再借助信念的力量，人就能找到各种实现创意的方法，这便是成功之道。

人贵在自信

  人要相信自己，更要相信自己的能力！自卑且不确信自己力量的人是不可能感受成功与快乐的，只有自信的人才能拥有这一切。自卑、丧失自信会阻碍人们达到理想的彼岸，但自信却引导人们走向成功。谁都不能低估精神力量的重要性，所以我们才更为希望能够借助此书的力量，帮助读者从建立自信开始，逐步释放内在的巨大潜能。

  这世间依然有那么多人无法突破自卑感这一"流行病"的困扰。如何摆脱这种心理情结的折磨？尝试做几步努力，自然而然你会慢慢习惯不再害怕它，你可以找到属于自己的信念。信念对每个人都是平等的。

  记得有一次在一个城市礼堂里，我刚做完一个商业会议的演讲，正准备上前台致谢，一位先生找到了我。他非常有礼貌地问道："能给我一点时间吗？我想请教您一些问题，它们对我来说非常重要。"

  于是我请他稍等片刻。在目送所有听众离场之后，我俩一同来到了后台。

"我准备在这座小镇里经营一桩生意，"他解释道，"如果成功了我就可以拥有一切，可是万一失败了，我也就失去了现在所拥有的一切。所以这件事对我来说至关重要，我的人生成败也就在此一举。"

听完他的开场白我的第一反应就是这位先生太过于紧张了。在这个世界上一件事情的成败其实并不足以影响人的一生。如果成功了自然是可喜可贺，但万一失败了那又如何？明天依然可以满怀希望。所以我劝他首先要学会看淡所谓的成败。

"可是我总不能相信自己，"他沮丧地对我说，"我缺乏自信，不相信自己有能力达到理想中的水平。我非常容易泄气，容易失望。事实上，"他叹息道，"我甚至感觉自己像是溺了水一样。尽管年过 40，我的自卑感却丝毫没有消退，怀疑一切的心理让我深感痛苦。今晚听到您演讲中有关积极思考的内容，让我豁然开朗，所以我很期待你的建议，我希望你能帮我找回自信。"

"这得分两步来走，"我向他建议说，"首先，你必须找到自己失去自信的原因。这点非常重要，而且需要花费一定的时间来仔细分析。这就好比是使用物理探针来寻找疾病根源，我们也需要彻底探究你的思想。这样的工程不可能一蹴而就，当然更不可能在今晚这样一个简短的见面时间内完成，它需要经过长时间的具体分析才能得到真正的答案。不过在此刻我能教你一个快速方法，只要你按它的要求去做就能立即改变自己的思想状态。"

"我建议你在今晚回去的路上一直重复我下面将要告诉你的

这句话，临睡前也要重复几遍。记得明早起床之后再将它读上3遍，在赴重要约会的路上还要多念3遍。你必须得抱着虔诚的心态去做这件事，只要这样，你就会惊喜地发现自己有足够的力量和能力去面对所有的问题。在做到这一切之后，如果你还需要我的帮助，我们可以再坐下来讨论它的源头问题。但无论我们在后面的讨论中得出什么样的结果，下面的这句话始终是解决你心理问题的关键。"

接着我便告诉他了这句话——"我拥有所有力量。"我把它写在纸上，并请他大声朗读3遍。

"行了，按我说的去做，我肯定你很快就会好起来。"

于是他站了起来，一阵沉默之后非常认真地对我说："好的，博士，我知道了。"

我看着他昂首挺胸地走了出去，最终消失在夜幕中。这位在开始时满怀沮丧与忧虑的先生终于在离开时又重新燃上了希望。

不久后，他告诉我这个简单的方法在他身上产生了神奇的效果："真的很难想象光凭一句自我激励的话就能产生如此巨大的力量。"

再后来，他又对自己的自卑感产生的原因做了分析，并且在一系列科学建议的帮助下，借助信念的力量，最终克服了这个困扰他多年的心理问题。不仅如此，我还教他如何抓住信念，并向他提供了一些特殊的建议（这在本章最后会详细给出）。渐渐地他开始变得自信，开始拥有一种强烈的源源不断的信念。正因为如此，所有好事都接踵而至。他不再是从前那个担心失败、害怕失败的人了。这就是个性转变的作用。一个人若是拥有开朗的性格、豁达的心态，成功也就会随之而来。现在的他已经能够完全信任自己的力量了。

自卑情绪的产生原因有很多，其中有不少是来源于童年的影响。

一位商业经理主管人士曾经因为他手下的一名年轻员工问题而特意寻求我的帮助。原本他想好好培养这位年轻人以在将来委以重任，但是因为有几次，在面对一些重要机密信息时他表现的态度不够端正，便引起了主管者内心的担忧。主管者这样对我说："事实上，如果他能够给我一种可靠的感觉，那么我一定会选他做我的经理助理。真的，他符合所有的必需条件，唯一的缺点就是过于喜欢炫耀自己知道的东西。尽管在我看来很多时候他并不是故意要将这些重要的个人信息泄露出去。"

于是为了解决年轻人的问题，我从主管人提供的基本资料着手，最终找到了他的问题所在，原来那是自卑感在作祟。为了填补内心的缺憾，当事人不停地向周围人炫耀自己知道的秘密。

原来年轻人的工作伙伴都十分优秀，他们或是大学毕业生或是某个社团成员。相比之下，男孩出身低微，不是大学生，也不是什么会员。面对这样一群有学历和背景的同事，他觉得自卑。于是为了让自己能够立足于这些人之间，建立起属于他自己的自信，他便在自己的潜意识里寻找到了这样一个补偿机制，以获得良好的自我感觉。

这个年轻人生活在一个流行"内部消息"的工业化时

代。因为与上级一同出席各种会议，他有机会遇见许多名人，听到各种重要的私密谈话。于是乎每次会后归来，他会到处散布这些"内幕消息"。这样的做法让他的同事们感觉既羡慕又嫉妒，却是恰恰满足了他成为焦点的心理，并成就了他的自信。

我向年轻人的上司阐述了自己的观点。于是善良、通情达理的主管人找来了自己的下属，他暗示年轻人自己很欣赏他的办事能力，但是因为在处理某些私人秘密问题时，他表现得不够可靠，不禁让人怀疑他的人品问题，这一点严重限制了他的发展，但是只要他能够改正自己的缺点，那么将来一定会大有作为。年轻人听取了主管人的意见，开始有意识地克制自己的行为，在信念的支撑下，借助祈祷的力量，他最终成了公司的骨干人物。在摆脱了心理阴影之后，年轻人终于展示出了真正的才能。

许多人打小就有自卑感，我自己就是一个很好的例子。孩童时代，因为个子瘦小我深感痛苦。尽管我是名田径队员，精力充沛，身体健康结实得像枚钉子，但看起来却是非常纤瘦，为此我十分懊恼。我无时无刻不在想自己怎样才可以变胖，怎样才可以不再被人取笑叫作"皮包骨"。我痛恨这个绰号，一心想成为大家口中的"肥仔"。每天我都梦想自己可以长得粗壮，哪怕是胖得没有人样。我使尽浑身解数：喝鱼肝油和奶昔，吃无数带果仁和奶油的巧克力圣代冰淇淋，吞下数不清的蛋糕和馅饼，但是结果却丝毫没有改变，我还是那么瘦。有多少个夜晚我睁着眼躺在床上苦思冥想，一直到30岁的某一天，砰的一下我忽然发现自己胖了。我看到自己浑身上下的肉都鼓了出来，这下我才猛然意识到自己的身体出现问题了。为此最终我不得付出同样痛苦的代价才减掉 20 千克的重量，恢复到相对正常的体形。

第二件痛苦的事情是（我总结这个是为了帮助读者了解心理问题是如何产生的），我出生在牧师的家庭里，并且周围不断有人向我提醒这一点。我不喜欢自己做牧师的孩子，因为别的小孩可以做他们想做的事儿，但我不行。因为无论我做什么，人们都会说——"啊,你是传教士的孩子。"所以我不想当传教士的儿子，做他们的孩子总要表现得友善而又谦虚。我的理想却是成为人们口中的硬汉。因为叛逆，那时候我们这些孩子总想着如何违背教规，所以可想而知牧师孩子的名声总不怎么好。对天发誓，那时候的我最不希望自己长大后成为一名和父亲一样的传教士。

不仅如此，我们家的所有成员在当地都有很好的口碑，每个人都是演讲高手，这也是我最不愿意看到的事情。他们曾经让我尝试在公共场合发表演讲，结果差点把我吓死。虽然事隔多年，但直到现在每当我上台讲话时都会忍不住回想起当初痛苦的情景。

每当感觉自己没有足够的力量或是失去自信的时候我都会拿出《圣经》。我总是一边阅读一边慢慢调整自己的心情，屡试不爽。《圣经》也有它的科学，可以帮助我们驱赶内心的自卑。于此，饱受煎熬的人们可以找回丢失的力量，最终战胜自我。

以上分析了许多自卑感产生的原因。无论原因如何，自卑情绪都会阻碍自身力量的释放。在这里面有些是受童年情绪的影响，有些是因为环境压力造成，有的甚至是我们在不经意间自己附加上的。总而言之，最终的结果是自卑感成了我们性格阴暗面中的一部分。

或许你有一个成绩优异的兄长。每次他得 A 时你都只得 C，于是你就觉得自己永远都无法超越他，因为这点成绩上的差异你便认定了自己今后的失败。明显你从没想过，许多在学校里表现得并不出众的人，在走出校园后会变得非常成功。在美国，许多大学里的优等生并没有能够在之后的人生道路上继续散发他的光彩，这或许是因为一旦毕业进入社会之后就再也没有人给他们打 A 了，而与此同时那些 C 等生却一直在现实生活中努力实现他们理想中的 A。

自卑的另一种表现形式是深度的自我怀疑，而想要消除这种心理，最好的办法就是让你脑中充满坚定的信念。

人们可以通过不断的自我暗示来获得信念。在另一章中我会专门讲述自我暗示的方法，但需要特别指出的是，自我暗示不需要追求模式，每个人都应该有自己特有的自我暗示。相反，表面、形式化、马虎的自我暗示则会是徒劳无功的。

我在德克萨斯州的一位朋友有一个混血女厨。当被问及她是如何控制自己的情绪时，她告诉我普通的问题需要普通的自我暗示，但是"当大麻烦来临的时候我们需要更深刻的祈祷"。

已故的哈罗 B．安德鲁斯是我的挚友，他曾经给过我许多鼓励，也是我见过最伟大的商人和神学家之一。他说对于很多练习自我暗示的人来说，他们的问题往往是因为我们暗示的时候信念不够坚定。"想要拥有无处不在的信念力量，"他说，"就需要进行深刻的祈祷的。你的信念越坚定，你获得的力量也越强大。"无疑，他的话是正确的，问题越大，越应该坚定自己的信念。

诗人罗兰海斯曾经向我引见他的祖父。尽管老人在学识上无法与他的孙子匹敌，但是他的智慧却让我感到深深敬佩。他曾对我说："自我暗示不允许心不在焉，哪怕是半分也不行。"只有当自我暗示的内容真正触及内心的怀疑、恐惧和自卑时，祷告才会有效，才能产生力量，巩固信念。

在此我还建议大家可以去心理顾问处寻求帮助，让他们教你如何获取信念。因为拥有信念，并且利用信念释放力量是需要技巧的，它如同其他任何一种能力一样需要不断地练习，不断地提升。

本章最后列出了9项帮助大家克服内心自卑的建议，希望通过它们可以帮助你们寻回自信。只要你们能够参照这些方法勤加练习，那么曾经那些深埋在心底的自卑情绪将最终会被满心的希望所取代。

如果一个人总是想着不安的事情，那么他的脑子一定会被这种消极情绪长期占据，但是如果他能换个角度，能够一直对自己灌输积极的思想并且树立坚定的信念，那么他的心里一定会充满希望，自信也会随之而来。在忙碌的日常活动中，人们总是需要给自己腾出一段时间来好好调整心态，只有这样才能更好地投入到新一轮的工作中去。所以如果可以，请在工作空隙的时间里也参照相同的方法，有意识地调动自己的信心。这里有一个有趣的故事要讲给你们听。

　　一个冰冷的早晨，一位先生敲开了我房间的门。当时我正在美国中西部的一个城市里出差，他需要带我行驶大约35千米的路程到另一个座城镇做演讲。我们两个都上了车，汽车开始在高速路上急驰。因为司机的开车速度远比我想象中的要快，所以我有意提醒他时间还很充裕，尽可以慢慢来。

　　"您不必为我的驾驶技术担心，"他安慰我道，"尽管以前我自己也怀疑过，不过现在我再也不会这样了。记得从前我什么都害怕，怕开汽车，怕坐飞机；家里人一旦外出我就会提心吊胆直到他们都安然回家；我总是预感会有不好的事情发生，这种感觉天天折磨着我。自卑、没有信心的状态也反映在了我的工作上，所以我总是什么都做不好。但是有一天，一个神奇的方法改变了我。我不再感觉不安，现在的生活让我感觉阳光灿烂。"

　　"这就是我的'法宝'。"他指着在挡风玻璃下面汽车表盘间的两个夹子对我说，并从表盘小柜中拿出一沓卡片，挑出其中一张挂到夹子上，卡片上写着："拥有信念，我将克服所有困难。"看完后，他熟练地将其取下，并用一只手选了另一张上面写着"我拥有所有力量，必将获得胜利"的卡片换上，要知道他是一边开车一边完成这些动作的。

　　"我是一个四处奔走的销售员，"他解释道，"所以需要用一整天的时间上门推销自己的产品。我开车往返于各地，我发现人在开车的同时思想可以独立活动，也就是说在开车的时候驾驶者可以另外思考各种与驾驶不相关的问题。所以说对于一个开车的人来说，如果他在驾驶的时候思维

9

模式是消极的，那么在之后的整一天里都会感觉灰色，这也就是我曾经的生活写照。当初我驾着车子东奔西跑，脑子里想着所有让自己胆怯和沮丧的事情，结果根本无法卖出任何东西。但自从我尝试在开车时看这些小卡片，并将它们一一印入我的脑海中后，事情出现了转机。我的想法变了。曾经追着我不放的不确定感、畏惧以及挫败感都完全消失了，取而代之的是信念和勇气。想想这样的改变是多么神奇啊，它让我的事业取得了成功，试问一个不相信自己的销售员又怎能向顾客推销出自己的产品呢?"

这位朋友的做法非常值得称赞。由不断的自我暗示而生发的坚定的信念让他最终改变了自己的思维模式。在驱散了长期聚积于心中的不安全感后，他的潜能也被释放了。

内心世界的安宁与否完全取决于人自身的思考模式。若是一直想着厄运的降临，那自然不会感觉安心，严重时会无端给人带去极大的恐惧，而相反的，上面的这个推销员利用小卡片的力量营造出了一个积极的氛围并借此激发了内在的自信与勇气。由此我们可以看出挫败感会抑制个人能力的释放，而在人的情绪变得积极主动之后行动能力也就跟着被激发了出来。

现代人大都因为缺乏自信而自我困扰。在一项针对 600 名学生的心理调查发现，其中 75%的学生都缺乏自信。由此我们可以推断，对于大多数人来说自信是一个大问题。每天，我们都会遇见许多胆小、畏惧生活以及不自信、没有安全感，怀疑自己能力的人。这样的人总是觉得自己不能胜任或是抓住任何机遇，总是被一种自我营造的不安假象所左右。他们不相信自己可以到达心中的那个目标，一再退却，他们不敢于昂首挺胸面对生活中的困难，一味屈服于自己内心的恐惧，但其实很多时候这种情绪都是可以被克服的。

人生坎坷，困难重重，层出不穷的问题让人们感觉筋疲力尽，可事实上，我们只不过是在不自觉的过程中将所有的力量冰封了起来，沮丧和失望的情绪也是因此而产生的，所以在这个时候我们更需要重新鼓起勇气，点燃希望的火种。当以一种积极的姿态处理问题的时候，我们会发现自己不再像当初一般畏惧、退缩。

举一个例子。曾经有一位 52 岁的男士向我求助。当时他感觉极度沮丧，对任何事情都看不到希望。他形容自己已经"玩完了"，并一再向我坚持生命里曾经建立起的东西都不复存在了。

"真的是所有的东西?"我问。

"是的，所有的东西，"他喃喃反复地说着自己已经被彻底打败，"我没有剩下任何东西，所有的一切都离我而去了。我失去了所有的希望，重新开始已经太迟了，人生简直一片黑暗。"

我很同情他的遭遇，但很明显，这是由于他的思想方式出了问题。他需要走出自己的失败阴影，否则即便是我也是爱莫能助。因为失败的阴影笼罩了他的心，蒙蔽了他的双眼，让他感觉不到未来，看不到希望，所以思想上的挣扎让他白白耗费了许多精力，让他感觉不到力量的存在。

"那么，"我说，"让我们先拿一张纸，写下你觉自己此刻还拥有的值得珍惜的东西。"

"没有用的,"他叹气道,"我告诉过你我已经失去了所有的东西。"

"但是不管怎么样还是来试试吧。"我建议性地问道,"你的妻子还在你身边吗?"

"是的,当然,她是个好妻子。我们结婚30多年了,她一直都陪伴着我,无论情况有多糟糕,她都不离不弃。"

"好,那我们可以写下第一条内容——妻子依然陪伴在身边,并且无论情况如何变化都不会离你而去。那你的孩子呢?你有孩子吗?"

"是的,"他回答我,"我有3个孩子,个个都很可爱。当他们来到我身边对我说,'爸爸,我们爱你,永远支持你'时我感动得说不出一句话。"

"那好,"我继续说,"第二条——3个爱你并永远支持你的孩子。你有朋友吗?"我问。

"有，"他说，"我有一群很棒的朋友，他们都很热心，经常对我说只要需要，他们就会尽他们的全力帮助我。但是那又有什么用呢？他们还是不能改变任何事呀。"

"暂且不管他们是否真的有用，让我们先写下这第三条——你有一群重视你、愿意为你赴汤蹈火的朋友。接下来是你的人品了，你做过什么坏事吗？"

"我的人品绝对没问题，"他毫不犹豫地说，"我总会尽力去做一些有意义的事情。我的思想是正派的。"

"那好，这是我们要写下的第四点——正直的人品。那你的身体怎样？"

"我的身很好，很少生病，我想我的健康状况完全没有问题。"

"很好，那是第五点——健康的身体。那你觉得自己现在正生活着的这个国家怎么样？你觉得它依然是充满商机和希望的吗？"我继续问。

"是的，"他回答说，"这也是这个世界上我唯一想继续生活下去的地方。"

"那这就是第六点——你喜欢美国，喜欢这个充满机遇的地方，"我一边站起身，一边继续说道，"好了，这里一共列出了6点内容。它们是你现在依然拥有的东西：

1. 患难与共的妻子——她永远都不会离开你。

2. 3个深爱着你并且会永远支持你的孩子。

3. 一群珍视你，愿意帮助你的朋友。

4. 正直的人品——你不曾做过坏事。

5. 健康的身体状态。

6.生活在美国这样一个世界第一强国。"

我将纸片递给他:"好好看看这些。我想你正拥有着一大笔财富,只不过你不曾仔细计算过。你说自己一无所有,但事实上却比很多人都更富有。"

他不好意思地笑了:"我从来没想过这些东西,从来没有以这样的角度考虑问题。情况可能真的没有我自己想的那样糟糕。"他沉思了一会儿说:"我想如果我能重拾信心,重新找回力量,或许真的可以从头再来。"

当然,最后他找回了自信,重新开始了积极的人生。心态与观念的改变让这位先生完全摆脱了过去失败的影响。信念驱走疑虑,积极的心理作用焕发出巨大的力量,帮助他战胜了所有的困难。

著名的精神病学家卡尔·门林格尔博士有一句名言:"态度决定一切。"说的刚好是上面例子中所隐含的道理,在我看来这句话非常值得人们去仔细地咀嚼和体会。无论情况有多艰难,甚至是山穷水尽,我们都应该保持积极乐观的态度,这才是决定一切的关键。试想一下,在没有采取任何行动的情况下就想着自己会被击败的人怎么可能战胜困难。我们可以试图在处理问题前调整好自己的精神状态,让积极和自信的思维模式来改变甚至完全扭转整个局面。

我认识一位先生,在他所工作的那家公司里具有很高的威望,有趣的是他本身没有担任任何特殊的职务,却是以独特的个人魅力征服了所有人。他的思想方法非常与众不同,每当看到有同事陷入悲观情绪时,他都会用所谓的"真空吸尘法"来帮助对方驱赶忧愁。他会向当事人提问,借助他们的回答来帮助对方清理思想。在帮助对方消除完心中的消极思想之后，他会不断地灌输有关的积极主张，直到对方重新建立起积极的思想方法，能够重新以积极的眼光来认识事物真相为止。

同事们总是很钦佩这位先生，因为只要他一出手情况就会发生转变。自信能改变一切，这当然不是排斥客观的分析，但我们也应该明白自卑其实不过是一个心态问题，只要我们改变悲观的视觉角度，就能恢复积极的生活态度。

可能有时你会感觉自己被打败了，失去了胜利的希望，但是请不要立刻放弃。坐下来，拿出一张纸列一个详细的清单，写出所有的有利因素。无论任何人若总想着不利的一面，就一定会觉得无法跨越面前的屏障。困难像道鸿沟，有时我们会假想它的存在，但是如果能够将精神力量现实化，能够时刻想着自己手中拥有的有利条件，并将它们提升到重要的位置，那么你将会有勇气和力量去克服所有困难。你的潜能会不断激发，在精神力量的激励下最后反败为胜。

这世间最有力的信念，最有效的力量来源于对自我的信心。工作的时候想象你先前确信和感觉的东西是真的。确信、感知、相信它们的存在，这样信念的力量才能发挥，才能得到意想不到的结果。

自信与否取决于人的思维习惯模式。总想着自己会被打败的人一定会成为一个失败者。努力学习让自己拥有自信的心态，直到这成为一种习惯，只有这样，你才能在面对所有困难时都拿出足够的勇气，才能跨越障碍，而在有了自信之后，力量也就会随之产生。巴兹尔·金曾经说过："勇敢向前，无限的力量会是你的后盾。"很多事实也都验证了这个真理。调整心态，增强自信心，你将会发现源源不断的力量向你涌来。

爱默生说过一句至理名言："胜利总与相信它们的人同在。"他还说过："挑战你内心的恐惧，恐惧便会最终消散。"所以说自信和信念是驱散恐惧和不安的利器。

有一次，斯通威尔·杰克逊与部下一同讨论一个夜袭方案，这时候一名军官小心翼翼地反对道："我觉得它行不通，我恐怕……"于是斯通威尔·杰克逊把手放在这位没有信心的下属的肩膀上说："军官，永远不要向自己的胆怯屈服。"

战胜胆怯的秘诀是让内心充满信念、信心以及安全感，它们会帮你驱赶所有的怀疑和不自信。我曾经建议一个长期被不安和恐惧侵扰的人阅读《圣经》，并用红笔标出的所有与勇气和信心有关的段落，将这些句子印到脑中，让最健康、快乐的思想充盈全身，结果这位男士最终从颤抖和绝望中找回了操纵力量的感觉。短短几个星期，他的改变非常惊人，一扫从前的绝望，他变得意气风发，如今在他身上我们可以看到一种勇气，这也让他显得格外有吸引力。心态的调整让这位先生重拾起了自信并且获得了属于自己的力量。

总结一下之前所介绍的方法。下面9条简单的规则就能帮助你克服自卑，获取信心。无数个成功的例子摆在眼前，若你也能做相同的尝试，必定也能创造出属于自己的信念和力量。

1. 不断在脑中重复一个场景，一个由你自己想象出来的胜利画面，将它牢牢固定在脑海里，成为不可磨灭的记忆，当需要时，你可以轻易将它想起。永远都不要将自己看成是一个失败者，永远都不要怀疑自己脑中的胜利画面。

千万不要想着如何将想象中的胜利转化为现实，这是最危险的。不要过分担心后果，无论事态发展如何，都只要常常想想那幅画面即可。

2. 当消极的念头偷偷溜进你的脑子里的时候，不要怕，唤起开心的记忆就可以赶走它。

3. 不要害怕眼前的困难，因为障碍终究会被你跨在脚下，所以请不要在意。只要人们下定决心努力解决问题，那么所有的困难都会消失。困难是可以被人克服的，所以不要用害怕的念头将它们夸大了。

4. 不要轻易地去敬畏一个人或者模仿别人。每个人都是这世上独一无二的存在，你才是你自己应该成为的样子。要记住，无论外表看起来多自信和坚强的人都会有害怕和自我怀疑的那一面，大家都一样。

5. 每天说 10 遍："信念与我同在，我将无坚不摧。"

6. 让心理医生帮助你，告诉你该做什么。回过头来，探寻童年时期自卑和怀疑感的产生原因，懂得自我治疗的人才能彻底克服心理问题。

7. 每天 10 遍，尽可能大声地朗读出来："信念能帮我实现所有的愿望。"你可以从现在开始。想象这世间若真有魔法，那么这句话一定是最强的咒语，它能帮你驱赶所有的自卑。

8. 准确地估计自己的实力，然后再加上 10%。人要自尊自爱，但也切忌骄傲自大。相信上帝赋予你的力量。

9. 时刻提醒自己，自信会带领我们走过千难万险，因为我们正是从自信心那里源源不断地汲取生命的能量。

心静则神清力聚

　　一天早餐时间，我和两个朋友讨论有关睡眠的问题。一位先生向我抱怨他昨晚失眠了，整晚的辗转反侧搞得他筋疲力尽。"我想人在睡觉前真是不应该去听那些新闻类的东西。这些东西会在你的脑子里搅上一整晚，而你对此根本无能为力。"他解释道。

　　的确，我们经常可以听到这样的说法："脑子塞满了乱七八糟的东西。"这也难怪一夜难眠了。我这位失眠的朋友在想了一下之后又说道："也可能是睡前那杯咖啡的关系，它让我变得心绪不宁。"

　　这时另一位先生开口了："我的情况刚好和你相反，昨天晚上我睡得特别香。我看了晚报还听了新闻，用了足够的时间在睡前'消化'它们。当然了我还用了我的安睡法。真的很幸运，它从来没让我失望过。"

　　听他这么一说，我自然极力建议他把自己的法宝拿出来与大家一同分享。"很早以前，当我还是个孩子的时候，我的农民父亲有一个习惯，每晚临睡前他都会召集家人来到客厅里，然后为我们诵读一段《圣经》。直到现在我仿佛还能听到父亲为我诵读的声音，而每当我看到《圣经》，都不禁会回想起父亲为我们诵读时那虔诚的模样。当初只待父亲做完祈祷，我就会立刻回到房间里然后安然进入梦乡。可惜离家之后我就不再有诵读《圣经》和祈祷的习惯了。"

"不得不承认，这么多年来，只有陷入困境时的我才会做祈祷。但就在几个月前，我和妻子惹上了一个大麻烦，于是我们决定再次向上帝祈祷。万分神奇的，在祈祷后，局面居然出现了转机。所以自那之后，我和妻子都养成了这样一个习惯：睡前诵读一段《圣经》，然后做一段祷告。尽管说不清到底是什么力量造就了这一切，但是很明显，我的睡眠质量的确比过去好了很多，身边的事情也都开始变得井井有条。因为这样奇妙的变化，所以现在即使外出，我也会坚持翻阅《圣经》并做祈祷。"

他接着对失眠先生说道："那一刻，我的脑子不但没有混乱，相反的，我感觉到的是平静和安详。"

两个境界，一个烦躁，一个宁静，你愿意选择哪一个？

有人会问为什么两个人的差距会如此之大，在我看来这是由于个体对情绪的控制能力不同造成的。我们应该习惯在不同的情绪环境下生活，当然了，情绪转变需要力量，可那也远比一直生活在压抑和痛苦里来得划算。生活中的人们会因为各种原因而产生紧张的情绪，但请记住拥有平静、和谐以及无忧无虑的心情才是最为简单和轻松的生活方式。健康快乐的生活本不难做到，关键在于我们要学会不断地调整心态。人只有学会释放压力后才能得到平静。

平静是上帝给予人类的一大财富。

道理说得简单，可实际操作起来又该如何呢？记得有一回我在一座城市里做演讲，在晚上演讲开始前，我在后台做最后的准备工作，这时一位先生走了进来，他希望我能抽出一点时间来和他谈一些私人问题。

由于演讲时间快到了，我只能婉言拒绝他的要求，并建议他等到演讲结束后再谈。演讲时，有好几次我都瞟到他在侧厅里来回踱步，不过最后他还是离开了。幸好他留下了名片，从上面来看他的来头不小。

回到宾馆的时候夜已经深了，但那个人的身影却一直在我脑中徘徊，于是最后我拨通了他的电话。可想而知，当他听出是我的声音时有多么惊讶。在电话里他向我解释自己离开的原因，因为他看得出来那晚我实在忙得无法分身。"可是我还是很希望你能为我做一次祷告，"他说，"我想如果你为我祈祷的话，或许我的心就可以得到平静。"

"当然可以，借着电话我们现在就可以开始祈祷，你准备好了吗？"我问道。

微微一愣后他说："祈祷可以在电话里进行吗？我从来都没听过有这样的方式。"

"有什么不可以呢？"我反问，"电话只不过是一种沟通工具。你和我虽远在千里之外，可它却让我们连在了一起。万能的上帝无处不在，他在电话的两端，也在电话里，他在你的身边同样也在我的身旁。"

"好的，"他让步了，"请你现在就开始为我祷告吧。"

于是我闭上双眼，在电话中为这个男人做起了祷告。

我想象着他就在我的面前，我做着所有应该做的事，我感觉他和上帝都在听我说话。我轻轻地问他："你祈祷了吗？"电话一头沉默了，隐隐的啜泣声传来。"我说不出话了。"最后他哽咽道。

"继续吧，哭几分钟，然后自己做祈祷吧。"我安慰着他。"将所有的烦恼都抛弃。这应该是条私人电话线，但即便不是，即便有人在听也没有关系。如果有人有心想了解这一切，听到的也不过是两个人的声音，没有人知道谁是谁。"

在我的鼓励下，他开始了祷告。尽管最初时还带着少许的踌躇，但渐渐地他敞开了心扉，在内心强烈的冲击下他终于将所有的怨恨、失望和沮丧一股脑儿倾诉了出来。最后他的心绪开始慢慢走向平和。

我再次为他做了祈祷。许久的沉寂之后，这个男人终于开口了，他的语调让我永生难忘，他对我说："这会是我一生都铭记于心的事情，是你带给我快乐和平静，让我感受到了几个月来都未曾经历过的感觉。"

有医生曾经说过："许多人得的其实都只是心病，心病还需心药医。我有一个药方，不过不能一蹴而就。方子的内容很简单，就是《圣经》上的一段话：'……只要心意更新而变化……'但是每次我都不直接把药方送给病人，我要他们自己去找。'只要心意更新而变化，便可察验何为神的善良，接受喜悦的旨意。'这其实是说人时常需要调整心情，随遇而安，顺势而为，真正做到这一点的人，自会得到一种平静的状态，享受生活里的健康与幸福。"

心静的要点之一是理清情绪，具体内容会在另一章中着重介绍。在这里强调这一点是为了告诉大家经常宣泄情绪对我们来说非常重要。尝试着将所有的恐惧、憎恨、不安、后悔以及负罪感通通扔到一边，有意识地释放自己，我的建议是一天两次，甚至可以酌情增加。每个人都有过诉苦的经历，对那个最信赖的伙伴诉说所有沉积在心底的痛苦，然后你就能感觉到一种全身心的放松。身为一个牧师，我深深地体会到若能拥有一个值得完全信赖并且分享所有心事的朋友是多么幸福的一件事。

我曾经在去檀香山的号游船上主办过几场宗教活动。其中一次，我教人们如何卸掉心灵的包袱。我是那样建议的：走到船尾的甲板上去，想象把脑子里的烦恼情绪统统打包，接着一鼓作气地将它扔到船下去，看着这些情绪渐渐消失在身后。尽管这个方法看上去有些幼稚，但是有勇气尝试的人还是成功了。几天后一个男人找到我并对我说："就是听了你的建议我去试了，结果真的做到了，这简直太神奇了。在这段旅行的日子里，每当日落时分，我都会到船上来扔掉我的烦恼，就这样一点一点，它们现在再也不会来烦我了。每天，我都感觉到它们随着时间的流逝正慢慢消失。《圣经》里不是说过：'让过去的事情已成为过去'吗？"

有人或许会怀疑这位男士的思想水平。普通人似乎很难踏出这一步，但事实上，他却是个智商极高、成就卓著的人。

清空杂念是我们的起点而不是全部。当杂念清除了，自然会有新的思想填补进来，因为人不可能长时间地保持思想空乏。我很赞赏那些懂得战胜恐惧的人，但是努力不让自己重新回到过去的状态中才更为重要，如何阻挡那些已被清除的东西再次潜回脑中是我们接下来努力的重点。

为了不重蹈覆辙，在杂念清除之后，人们应该立刻输入积极健康的思想。这样当从前日日缠绕的恐惧、厌恶以及焦虑再次侵袭时，思想的大门会将它们拦截，"客满"的牌子就会悬起。或许它们会挣扎着想溜进来，重新回到它们从前安稳的家，但一切为时已晚。积极健康的思想会替你守护，以免受昔日之苦。久而久之，消极的思想便会慢慢放弃，最终离你而去，然后平静的快乐便降临在你身上。

在白天工作的片刻休息时间里，尝试选择一些可以让自己心静下来的思绪。在每个人的心里一定都有那么几幅可以用来安定心绪的画面，请将它们串起来播放。比如，夜晚宁静的山谷、斜阳西落的身影，或是月光下闪闪而动的波光，还有海水轻拍岸边带起的颗颗沙砾，如此音景交织的画面是抚平心潮的最好药剂。所以，从现在开始，每天都让这些流动的画面缓缓穿过你的脑海。

多说具有暗示性的话也是一种很好的方法，尽量重复一些让人心安的词语。语言是一种含有巨大潜力的工具，因此它也可以成为一种疗法。喃喃自语一些带有紧张情绪的词语，你会立刻感觉到神经进入了一种紧绷状态。有人会有胃抽筋的感觉，这也是说明机体已经处在了高度紧张的状态。但是，相反的，如果人默念一些带有平静色彩的词语，思维活动就会反映出一种相对平和的趋势。使用"宁静"之类的词语，重复多遍，它可以称得上是所有英语单词中最具有乐感和美感的一个词语了。只要默念它，就可以带领我们进入一种超脱状态。

另一个奇妙的单词则是"祥和"。当你吐出这个词语的时候想象一下祥和的画面。慢慢地重复它，就像是调动情绪信号一样。如此这般使用词语会使它们在你身上发挥出潜在的治疗作用。

《圣经》中的诗句和段落也是"疗伤圣药"。我认识一个有趣的先生，他有一叠小卡片，卡片上都写着他从《圣经》语录摘下来的用来平抚心情的语句。他会拿出其中的一张放进皮夹里然后整天带着它，一有时间他就会默默地诵读，直到每句话都深深地刻进脑子里。他形容这些句子就像镇静剂一样在潜意识里带着他的心走向宁静。平静的心情其实就像一种镇静剂，帮助人们跨过烦恼。他其中的一张卡片上引用的就是 16 世纪神话中的一段话："不为任何事所左右，也不为任何事所击败。"

《圣经》中的一些话具有强大的意念作用。将它们印到脑中，有意识地让其发挥作用，它们会四散到思维的每个角落，为你带去帮助。这是最简单也是最有效地获得平静的方法。

一个销售员曾给我讲过一个发生在美国中西部旅馆中的故事。那时候他正在参加一个商业会议，当时他的情绪已经处在了崩溃的边缘，不仅易怒、好辩还高度紧张，幸好大家都了解他的为人，知道他正处在极度紧张的状态中。但是最终他的急躁态度还是影响到了大家。不久之后，他打开了他的旅行带，拿出了一瓶棕色的药丸，倒出了一堆。有人问这是什么，他不带好气地说："它类似于某种镇静剂，因为我觉得自己快被撕裂了，现在身上所承受的压力让我怀疑自己是否要垮了。我尽量掩饰这一切，但是我想你们这里的每个人都看得出我有多紧张。这药是医生推荐给我的，已经吃了好几瓶了，但是依然一点起色都没有。"

听到这里，一位先生忍不住笑了。而后他十分真诚地对销售员说："比尔，尽管我不知道医生给你开的到底是什么药，或许他是对的，但是我想我可以给你开一剂更好的药，应该会对你的精神紧张有作用，效果也一定会比现在的这个好。我自己就是个过来人，甚至当初的情况比你还糟糕一万倍。"

"哦，那是什么药?"有人打断了问道。

这时那个男人拿过他的包从里面取出了一本书："这就是我说的良药，千真万确。大家或许会觉得随身带着《圣经》很奇怪，但是我不在乎别人的眼光，更不会为此而觉得不好意思。两年来我一直都把这本书带在身边，还把那些有助于平抚我心绪的句子都用笔圈了出来。它对我真的很管用，所以想着或许它也会给你带去帮助。何不来做一次尝试呢?"

听了这番话后许多人都觉得非常意外，而那位紧张的先生则是一声不吭地埋坐在自己的凳子里。看着眼前人的举棋不定，那位演讲者继续说了下去："是一段非常巧合而又特殊的经历才促使我养成了阅读《圣经》的习惯。事情发生在一个平静的夜晚，在宾馆的房间里，我的精神陷入极度的紧张。因为一整天都在为生意而奔波，所以直到傍晚我才拖着疲惫的身躯回到房间。我想坐下来写几封信，可是无论如何思想都不能集中，一会儿站起一会儿坐下，连报纸都看不进去。恼怒的我最后决定去楼下喝一杯，好让自己去透个气。"

"站在穿衣镜前，我的眼睛忽然之间落在了《圣经》上。

尽管曾经在宾馆里我无数次瞥见过它，可从没想过要去翻阅一下。也不知被什么力量推动着，我翻开了圣歌中的一章开始诵读。记得很清楚，看第一页时我还是站着的，可翻到第二页时我便找个椅子坐了下来。我为自己的行为感到震惊——我居然在看《圣经》。可那又如何呢，一笑了之之后，我又继续了下去。"

"很快我看到了第 23 篇圣歌，那是很早以前，当我还在主日学校里做学生时学到过的一篇，时间过去了那么久，我却还能记得其中的大部分内容。我试着重读了一遍，特别是对下面这句：'他带着我在平静的河边行走，他洗涤我的灵魂。'我非常喜欢这句话，坐在那里一遍又一遍地重复着同一句话，忽然间我感觉自己的心灵被唤醒了。"

"那之后我便进入了睡梦当中而且睡得很安稳。尽管只有短短的 15 分钟，可当再次醒来时我却感觉自己已经焕然一新了。内心的平静与安定让我不禁自语道：'这就是奇迹吗？过去的我是不是错过了太多类似的奇迹？'"

"所以自从那次之后，我就带上了《圣经》，小小的一本书刚好可以放进我的包里，现在它与我几乎形影不离。自从有了这种发自内心深处的感悟之后，我不再像从前一样焦虑和紧张。"他接着说，"所以比尔，试试吧，看看它能不能起作用。"

比尔听了他的话，一直做着尝试。他后来回忆说，在一开始这一切都显得有些奇怪，操作起来也有难度。他总要躲在没有人看得见的地方看《圣经》，因为他不愿意自己被人当作虔诚的信教徒。但是现在他可以坦然地在火车上、飞机上或是任何熟悉的地方翻看《圣经》了。他说是《圣经》带给了他现在所有美好的一切。

"我再也不用吞任何药丸了。"他骄傲地宣布道。

现在的比尔变得十分友善，整个过程彻底改变了他的性格。如今的他已经能够完全掌控自己的情绪。想要获得平静，方法其实并不复杂，上面的两个例子就是最好的证明。将具有安抚心灵作用的思想灌输进你的脑子里，就是那么简单。

除了上面提到的这些，还有许多其他办法可以帮助我们建立起平和宁静的心情。其中之一就是借助日常的交谈来达到缓和心绪的目的。在日常生活中我们所说的话，用的语调都会对自身情绪产生影响。我们可以通过说话让自己变得焦虑、不安甚至是高度紧张。因此，不同的说法方式会导致不同的结果，消极抑或是积极，任由你选择。如果我们选择了平和的谈话方式，那便是选择收获平静。因为平静的谈话适于营造平和的心境。

如果你所在的谈话小组里出现了不安或是过于激烈的谈话气氛，那么请试图插入一些温和的话题，注意观察它是如何缓解紧张情绪的。如果一个人在清早起来，然后在早饭时间里讨论某些不开心的话题，那么他在接下来的一天里都会感觉非常阴郁，所有的事情也都会朝着不好的方向发展。消极的交流会完全改变环境氛围，紧张和不安的谈话会不自觉地增加内心的躁动。

相反的，如果一天的开始充满了祥和、平静、满足以及快乐的感觉，那么快乐和成功也会伴你走完这一天。乐观的情绪是创造完美氛围的活跃因素。如果你想拥有一个平静的心态，那么请注意你说话的方式。消除谈话中的所有消极因素，这点十分重要，因为它们会对内心施加紧张和不安的压力。比如，当你和小组成员在一起享用午餐时，不要谈论类似，"反对党将要统治整个国家"的话题。首先，反对党不可能统治整个国家，这样的论断很容易给他人造成一种紧张情绪，无疑的，它会破坏食欲。此外，别人的心情也会被这样的紧张所感染，每个人在离开的时候一定会带上一抹不安。无论这样的情绪有多微小，它们都会引起人们不必要的担心，担心是否在接下来会有不好的事情发生。尽管有些时候我们可以避免自己不去影响他人的情绪，却不能保证不被他人所影响，所以一旦我们处在这样的环境中时，请客观、积极地去处理它。尽管我很反感反对党，但为了保持平和的心境，我们还是需要在个人或是小组交流中多注入一些积极和快乐的元素。

语言对思想有着直接和肯定的作用。思想创造语言，因为语言是表达思想的工具。但是它对思想同样也有反作用，即使那不是全新的创造至少也是有一定的影响。事实上，语言总是人们思维的起点。所以，如果每次说话前人们都能做到仔细地检查自己想说的内容，那么大家的情绪都会变得平静，并在最后达到一种平和的状态。

另一个静心的有效方法就是每天都为自己留一段用来保持静默的时间。每个人每天都应该坚持留给自己不少于15 分钟的时间用来保持彻底的沉静。一个人寻找一块安静的角落，或坐或躺，独处一刻钟，练习静默的艺术。不要和任何人说话，不要写字，不要阅读，也不要想任何东西。让自己的思想犹如游离一般不做任何活动，想象着它是静止的，不动的。一开始要做到这一点不容易，因为总有思想在你的脑子里蹿动，但是多加练习你就能提高效率。设想你的思想就是一个水容器的平面，看你能让这水面有多平静，是否能做到不泛起一丝涟漪。当你拥有心如止水的能力之后，去倾听那片平静之后的声音，你可以看见它的美丽，你将会发现美丽就在这一切静默背后。

不幸的是，美国人总不擅于此道。大部分美国人总会忘记他们祖先早就明白的道理。静默如同那广阔的森林和一望无际的平原，它们可以帮助人们修炼身心。

我们的内心无法平静，这其中或许有很大一部分原因要归咎于噪音的干扰。现代生活环境让人们的精神不再如从前一般放松。科学实验表明，我们工作、生活以及休息的环境正在变得越来越嘈杂。很多人都认为自己可以适应嘈杂的环境，但事实与想象的情况恰恰相反，人其实并不能真正做到适应物理、精神以及神经系统中的噪音。无论感觉一个声音有多熟悉，人的潜意识都无法完全做到充耳不闻。无论是汽车鸣笛，还是飞机隆隆，或是其他刺耳的噪音，所有的一切其实都对在对我们的身体产生物理作用力，熟睡的我们不过是没能清楚地感受到罢了。声音会引起肌肉的抽动，并且通过脉动和神经连成一片。这样的肌肉收缩实际上对我们的睡眠质量造成了损害。当这种反应程度足够剧烈时，人就会有在睡梦中自然惊醒的情况发生。

与之相反，安静的环境则能起到治疗、安抚以及促进健康的作用。斯塔·德利说过："在我认识的人中，无论男女，只要懂得并会运用沉默的力量，基本都没有精神问题的困扰。我自己也曾意识到每当我不能平衡和放松身体时候，痛苦就会跟着冒出来。"斯塔·德利是研究沉默和精神治疗领域的专家，在他看来完全静默所营造出的放松感觉是治疗身心问题最有效的方法。

　　为现代生活环境所左右，加之生活节奏越来越快，我们这一代人已不再如先人一般容易获得静默。新发明的机器在隆隆作响，我们的脚步在不断提速，生存的空间越缩越小，大家都在追着时间赛跑。漫步丛林深处，安躺在海滩岸边，驻足于群山之巅或是在海中央从甲板上仰望广阔的宇宙，这一切正在慢慢变得遥不可及。但是，只要有机会去感受这一切，请一定记住那些宁静的画面，将它们随着你的记忆一起带回家，需要时再将它们唤醒，这样你便会有一种身临其境的感觉。回想这旅程中点滴画面，它们会帮你冲淡那些由现实生活造成的盘踞心中的消极情绪。美好的回忆总是能够激发我们内在的快乐。

　　比如，写下这些文字的时候，我正坐在夏威夷皇家宾馆的阳台上。这是一座坐落在檀香山威基海滩边上的世间最美丽的宾馆。从阳台上俯瞰，你可以望见一大片棕榈林在微风中轻轻摇曳，徐徐的轻风又送来花香阵阵。岛上两千多株木槿树散布在整个花园之中。从我的窗户外望出去，凤凰树上挂满了成熟的果实。金合欢树明亮耀眼，丛林中一片五彩斑斓，刺槐高高悬起它精巧的白花，满眼的风景如油画一般迷幻。

　　湛蓝的海洋环抱着岛屿，无边无际的海水延伸直至天的尽头。海浪翻滚，当地居民和游客一起冲浪、划舟，这是怎样迷人的一幅景致啊。坐在房间里，我体验着这一片宁静为我带来的神奇感受。尽管在夏威夷公务繁忙，可这样安宁的情绪一直充实着我的心。当回到纽约，这个与它相距 8000 多千米的地方之后，我才真正意识到之前所看到的风景是多么美丽，我所留下的回忆是多么宝贵的一笔财富。它刻在了我的记忆深处，每当陷入忙碌和焦急时我就将它拿出来好好回味。田园风光总是离现实生活无比的遥远，可是我们可以选择回忆，回忆那棕榈成行的林子和威基海岸边的层层浪花。

　　将所有美好的记忆都刻进脑子里，有时间拿出来再在脑中做一次旅行。你会发现放松心情的最好方法就是自己创造平静的心情，但这需要不断地锻炼，需要用到下面所列出的几个法则。思想总是会对教育和规则做出最快的反应。人可以回忆任何事情，只要他们想去做，但是记忆总是按第一次回忆的情景保存，所以用所有宁静美好的回忆、词语以及意念把自己的思想填满，最终你会有一屋子的回忆，它们都会带你走向安宁，带你重塑自我，重建信念。它会成为你的能量来源。

我曾经和一个朋友在一所很大的孤零零的房子里度过一晚。早晨，我俩在一间非常奇特有趣的房间里用早餐。房间的四壁都画着画，画中是主人幼年时的乡间景致。所有的这些壁画起伏有致，里面有绵延的山峦、幽静的山谷、欢快的小溪、斑驳的日影以及蜿蜒的曲径。和风轻抚绿草，小屋点缀其中，教堂露出它那白色尖尖的塔顶。

吃饭的时候，朋友向我描述了这片曾经生活过的地方，指出了画上各个有趣的地方。然后他对我说："我经常一个人坐在这房间里，看着这幅画，然后一点一滴地回忆记忆中的那些无忧无虑的日子。有时候我会想起小时候光着脚走过的那条巷子，回忆那细泥土夹在指间的感觉，会想起许多个夏天的午后坐在溪边钓鲑鱼，会想起冬天银装素裹后从山上滑雪一路而下。"

"那儿有个教堂，当我还是个孩子的时候就经常去那里了，"他不禁微笑着说，"我会长时间地坐在教堂前的那张长椅上，静静地想那些高尚的人和他们真挚的生活。我可以坐在这里，看着画中的教堂，想着从前从爸爸妈妈那里听来的赞美诗，就好像我们依然坐在教堂里。我的父母很早就躺在了教堂旁的那块墓地里，但是在我的意识中，我感觉自己就在他们的墓边，听他们讲述往事。有时我会非常疲惫甚至会非常紧张和压抑，但是只要回到这里一切都会变得不再是问题，我在这里平抚心情，迎接新的生活。这里是我的家，带给我宁静的地方。"

或许我们不能拥有这样美丽的带有宗教色彩的壁画，但是我们却可以在自己的意识里挂起它们：定格下生命中的那些美好的画面，花点时间想想它们，体会这其中蕴含的意义。无论多忙，无论身上背负多么重要的责任，都请记得做这样的练习。许多人的成功都证明它的效力，它也会对你起积极的作用。简单的方法可以创造平静。

内心的平静十分重要，其中的一个因素需要在这里着重阐述。我经常会发现人们的内心因为某种自我惩罚的机制而无法得到平静，他们因为过去所犯的错而深感惶恐。人总是无法摆脱这种奇怪的思维习惯，总是无法做到原谅自己。

有人一旦犯了错就会觉得自己应该受到某种惩罚，因而总是等待着惩罚的到来。结果他整日都生活在不安中，终日担心有事会发生。为了寻找内心的平静，他会不断地增加工作强度，希望借助努力工作来消除内心的负罪感。有个医生曾经告诉我他处理过许多类似因为负罪感而深受精神压力而几近崩溃的案子，这些人都是寄希望于疯狂的工作来缓解内心的罪恶感，但是病人们自己却不愿意把原因归咎于这样的情绪。"可是，"医生说，"事实上如果这些人能够释放自己心中的负罪感，就根本没有必要把自己弄得如此筋疲力尽。"耶稣基督会帮助人们解脱自己，从而缓解精神压力，并最终走向平和。

　　为了能让自己安心写书，我曾经在一个著名的度假村住过一段日子。一日，我遇到了一位在纽约的旧识，当时的他完全处于高压状态，拼命地工作，是一个高度紧张的商务主管。在他的邀请下，我坐下来与他攀谈起来。

　　"我很高兴看到你能够在这片美丽的地方放松自己。"我说道。

　　他回答得有些紧张，"我在这里没有业务。但是在工作的地方我总有忙不完的事，每一天我都在高度紧张的状态下度过。所有的一切让我几乎不能承受，我感觉自己快要倒下了，紧张得甚至无法入睡，而且变得神经质。我的妻子一再坚持并把我赶到这里。医生也说如果我能做到放松自己就根本就没什么问题。但是现在这样的生存环境又如何让人放松呢?"他激动地反问，之后又很痛苦地看着我。"博士，"他说，"我愿意拿出所有的一切来换取我的心，换取我重获平静，世界上所有的一切都不能与之相比。"

　　我们交谈了一会儿，接着我便发现他总是在担心有不好的事情会发生，几年来他一直都等着灾难的来临，惶惶地想着是否惩罚会降落在他的妻子、孩子或是家里人身上。

　　这样的案例不难分析。他的不安主要来自于两个方面——首先是受童年的影响，另一方面是成年之后所犯的错误。他的母亲有担心未来的习惯,这点遗传到了他的身上，造成了他焦虑的心理。而长大后做的一些错事也让他在潜意识里不断地产生自责。他是自我责难的受害者，整天都郁郁寡欢的同时，他还容易对紧张的情绪有过激的反应。

　　在交谈完毕之后，我起身来到他的身边，因为周围没有旁人的打扰，我便建议道："你愿意让我为你做一次祈祷吗?"他点点头，然后我抬起手放在了他的肩膀上，默默地做起了祈祷。

祈祷完之后，他用一种完全不同的表情看着我，然后默默地离开了。因为我看见了他不想为人发现的含在眼眶中的泪水，那一刻大家都有些尴尬，所以我让他走了。几个月后我再次遇到了他，他对我说："在你为我祈祷完之后神奇的事情就发生了。我感觉到内心有一股强大的力量为我抚平了所有的情绪。我感觉了安宁和平静，一切都好了。"

如今他定期都会去教堂做祷告，平静的心态最终使他成了一个快乐健康的人。

源源不断的活力

　　大联盟棒球比赛进入了白热化状态，投手因为一个下午的体力消耗而连续丢失了几个球。在这节比赛中他的体力明显下降，但是比赛还要继续，为了坚持到底投手启用了自己的法宝。他只是简单地重复《圣经》中的一句话："但那等候耶和华的，必重新得力，他们必如鹰展翅上腾，他们奔跑却不困倦，行走却不疲乏。"

　　上面故事中的这个运动员名叫弗兰克·希尔。他用自己的亲身经历告诉我，每当站在投手区的土墩上重复这段话时他便会感觉一股巨大的力量输入进了自己的身体里。于是凭借这股新力量，他坚持打完整场比赛。希尔解释说："我用自己的意识来点燃最后的能量。"

　　思想会直接影响人的生理状态。想着自己已经筋疲力尽的人不可能使出力量。思想的信号一旦发出，机体便会开始做出一系列的反应，就像神经和肌肉，它们接受信息并且执行命令。如果人的思维一直紧张而活跃，那身体也会跟着不断行动。宗教的作用，从最根本来说就是对思想做出一种规范，并将这种经规范的思想传播出去。信念可以提升力量，所以人可以用自我暗示的方法来得到足够的力量支持。信念可以帮助你完成所有不可能完成的任务。

借助人特有的精神力量，宇宙会将他的能量注入我们体内，帮助我们恢复原始的活力。所以说，这一能量传递过程的关键在于我们需要学会用自己的精神与宇宙对话。若是做不到这一点，人类的身体、思想与精神都会走向终结。我们都知道，只要有电源的存在，电子钟就可以永不停歇地工作，它会一直向人们报告最精确的时间。但是一旦我们拔掉了它的电源，电子钟的指针就会立刻停住工作，整个钟就成了一个不会走的废弃品。人与宇宙的关系就像是电子钟与电源。我们与宇宙相通，从宇宙那里直接获力。

许多年前我听过一场报告，演讲者在无数观众面前自信地说自己在过去 30 年内从未感到过一丝疲倦。这样的话不免让人怀疑。于是发言人为听众们讲述了他自己的故事。30 年前，主人公也曾经是个失败的人，但是因为一次奇遇让他从此与上帝结缘，打那以后他就有了用不完的力量。凭借着上帝给予的源源不断的力量，他轻松地完成了所有任务。这乍听之下让人觉得不可思议，但是演讲者脸上写着的那份坚定，让在场的每一位听者都为之动容。那是一份怎样坚毅的信念啊！

对我来说，上面那位演讲者所说的内容十分有理。因为其实他就是在讲述一个潜意识行为的过程。人类的力量其实就像一个水库，它应是取之不尽、用之不竭的。这么多年来，我一直在研究有关于潜意识行为的内容，也做了无数相关方面的实验。在总结了众多的实验结果之后，我发现有关潜意识的力量的理论是完全正确的，所以我也更加相信潜意识会以科学方式来为人们的思想和身体添加源源不断的力量。

曾经有一位伟大的物理学家，他的名字人们耳熟能详，在他身上我们可以清楚地看到潜意识力量的作用。这位伟人每天从早到晚忙个不停，他身上所担负的重任是一般人无法想象的，即便如此，只要需要，他依然能够随时担起新的责任。有人奇怪于他的精力怎会如此旺盛，其实这是因为他有自己的小诀窍，一般情况下他能够十分轻松并且快速地处理对普通人来说十分棘手的问题。

我曾经有机会与这位伟大的物理学家的心理医生进行交谈。我一度担心如此高强度的工作压力会对这位科学家的身心健康造成威胁，因为毕竟在这样重的责任下，人很容易走向崩溃。可是医生对我的回答却是不必担心。"作为他的医生，我并不认为他有任何被击垮的迹象。这要归功于他超乎常人的组织协调能力。他总是将力气都用在刀刃上，没有半点浪费。他看起来就像是一个配合完美的机器，用很少的力量就可以处理所有的问题，而就算背负着重担也不会觉得有压力。他精打细算地用着每一分能量，得到的却是最大的收益。"

"看来他的成功之处是在于拥有极高的工作效率。他总是有用不完的能量，是这样的吗？"我问。

医生考虑了一会儿说："应该这样说，他也是一个普通人，与我们有着相同的情感，但更为重要的他是一个虔诚的教徒。他的信仰教他如何避免力量枯竭，帮他高效率地完成工作，并且不为任何困难所羁绊。通常来说，相比生理上的疲倦，人们更容易在心理上感觉无力，从而失去全部的力量。但是我们这位先生却可以轻松避免这类问题。"

现在越来越多的人开始意识到拥有一个积极的精神态度对于激发自我潜能和个性力量有着直接并且正面的作用。

人的机体可以在一段时间的互相作用下制造出我们生活工作所需要的全部能量。如果个体可以在开始的时候就注意饮食、运动、睡眠以及其他非物理性伤害等方面之间的均衡，那么他们就可以一直保持良好的健康状态，同时能量的供应也可以维持在很高的水平。如果人能够在精神方面也给予相同程度的关注，那么他的整体状态会更加出色。要知道平稳的心态是能量最好的保险柜。如果是因为某些遗传因素，又或是因为一些后天强加的精神负担而让身体变得虚弱并且精力下降，那么人也会随之渐渐地失去活力。原始状态下人的身体、思想和精神间的协调是力量循环的基础。

爱迪生的夫人曾经和我多次讨论过她的丈夫——那位有着魔力般创造天赋的发明家。她与我讲述自己丈夫的生活习惯与个性特点。她告诉我爱迪生有一个可爱的习惯，每当工作数个小时感觉疲倦之后，他都会从实验室返回自己的家，然后进屋躺倒在自家的那张旧沙发上。夫人描述自己的丈夫入睡的样子就像个天真的小孩，美美地享受着一顿没有任何搅扰的香梦。就那样安静地过去三四个小时，甚至五个小时之后，他会自动醒来，精神抖擞地再次回到实验室里，投入新一轮的工作。

我试图让爱迪生夫人以她的角度来分析自己的丈夫，

我想了解这位发明家为何能够如此高效地工作与休息。夫人给我的回答是："他是一个自然人。"此话怎讲，其实爱迪生夫人的意思是说她的丈夫是个与自然结合、与宇宙结合的人。认识他的人都会发现在爱迪生先生的身上几乎找不到任何迷茫或是困扰的痕迹。他总是不慌不忙、有条不紊地做着自己的事情，几乎没有人看到过他发脾气。爱迪生先生很少有情绪波动的时候，他的精神状况要比一般人健康。通常情况下，他会持续工作好几个小时，一直到感觉疲倦想要休息的时候才停下手中的工作。他的睡眠质量很好，一躺下就能安然进入梦乡，而在自然醒来后，他又能精神抖擞地投入到新一轮工作中去。爱迪生先生一直都以这样的方式生活着，也正是在这样的生活状态给发明家带去了无数奇思妙想。他懂得控制自己的情绪，从而进一步调动能量。他懂得只有彻底的休息和放松才能更好地工作。

我认识很多人，很多伟大的人，他们都拥有强大的力量，能够同时处理许多问题，似乎他们的能量都是取之不尽用之不竭。仔细观察这些人，我发现了他们身上的一个共同点，那就是他们都是与自然相结合的人。或许这其中并非每个人都是虔诚的教徒，但是他们的心大都能与自然相通。他们全都拥有超强的情绪自控能力与心理调节能力。相反，很多时候，父母对子女的某些行为给孩子带去极大的负面影响，会给孩子的内心带去强烈的冲击，产生许多烦恼与痛苦。不仅如此，这些不良情绪还会影响孩子的成长，甚至是在成年后还会造成某种心理阴影，比如他们经常会对周围环境感觉畏惧，会比普通人更容易感觉痛苦，更容易产生怨恨的情绪。而所有类似的负面消极感情都会让人失去平衡，浪费精力，最终感觉绝望。

翻阅《圣经》，我们可以发现几乎所有的章节都与活力、能量以及生活的内容有关。在这其中我认为最重要的词语还是生活。因为生活需要活力，而活力又意味着需要不断注入新的能量。在每一个人的生命里总免不了有痛苦与磨难，总有各种困难和艰险等待着我们去克服与穿越。

感受自然的节拍，跟从自然的脚步，这才是我们应有的生活速度。过快的生活节奏只会破坏我们自身的平衡，只有与自然的脚步一致时我们才能达到最好的状态。

不要一味地向前冲，这样只会让你踏错生活的节奏。"天网恢恢，疏而不漏。"跟着自然的脚步往前走吧。我们会发现此时自己生活得最为惬意，此时身体里拥有最充足的能量。

成年人有紧张的习惯，这对他们有百害而无一益。一位朋友的父亲曾经和我描述过这样一个生活细节的变化。早前的年代里，青年男子会在夜晚来到未婚妻的家中。年轻的男女会一起坐在客厅里聊天。当时夜晚总是很长很长，时间缓缓而过，就像是墙上祖父的老钟，随着钟摆一来一回地晃动，一点一滴地流逝。那摆动的声音就像是在轻轻地说着："时间还早，时间还早，时间还早，时间还早……"也不知何时起，现代人的时间不再充裕，就连钟摆的长度都缩短了。每口钟都敲得那么急促像是在赶着人们说着："时间来不及了！时间来不及了！时间来不及了！时间来不及了！"

时间在变快，于是一切的节奏都变快了，人们开始感觉到赶不上节拍。想要解决这个问题，最好的办法就是让自己的脚步合上自然的节奏。在天气温暖宜人的时候，记得到户外走走。躺到草地上，让耳朵贴近地面，仔细聆听，你将会听到一首美妙的合奏曲。那里有风吹树叶的哗哗声，有低低的虫鸣，它们交织在一起组成一个最和谐的自然之调。这调子里没有城市汽车刺耳的喇叭声，因为它并不包括在我们所说的声音范畴之内。你还可以到教堂里去。在那里听圣歌和上帝的声音。上帝自有属于他的音律，教堂便是一个最好的用来感觉的地方。当然了，人们也可以在工厂里听到上帝的节奏，只要他有这样的心。

我的一个朋友在俄亥俄州拥有一家大型工厂。他告诉我在他的工厂里，最优秀的工人总能听出机器的节奏，工作时他们总会跟着机器的拍子走。他得出这样的结论，如果一个工人能够找到机器的节奏，并且能够合上它的节奏，那么即使工作一整天，他也不会感觉到疲倦。在这位朋友看来，机器也是人类依据自然的法则组装创造出来的产物。当人们学着去喜欢机器时就能感受到它的节奏。它也如拥有肉体、精神与灵魂了一样，并与自然拥有一致的节奏。所以那些能体会机器节奏的人将不会为自己的工作而感到厌倦与疲劳。火炉、打印机、办公室、汽车，以及你的工作，所有的一切都有节奏。因此只要学会感觉自然的脚步，跟着她的节拍前进，你就能拥有源源不断的力量。

想要做到这一点，你就得按下面的方法来练习。首先第一步是身体放松，接着是精神放松。你需要感觉自己的灵魂正在一点一点沉静。你可以这样祈祷："敬爱的宇宙，你是一切力量的源泉。你是太阳，是原子，是一切新鲜事情，是我们血液以及精神中所有力量的来源。"要学会相信你所做的一切，相信你会从这一切中得到力量，与万能的自然一同前进。

很多人感觉自己生活得很累，这仅是因为他们对任何事都不感兴趣，没有任何事可以触动他们的内心。对有些人来说，外面的世界里发生的任何事都与他们无关，甚至是面对一些人世疾苦时都可以做到无动于衷。他们只能看到自己身上的东西，只能注意到自己身上的忧虑、绝望以及愤恨。这些人总是被一些无谓的事折腾得筋疲力尽，所以他们才会觉得累，才会生病。想要不再疲倦的最好方法就是将自己投入到一些感兴趣和有意义的活动中去。

一位非常有名的发言人在连续几场报告之后依然保持神采奕奕的状态。我很惊讶于他的体力，便问道：

"在这么多场讲话之后你真不觉得疲倦吗？"

"因为我有激情，因为我今晚所讲的一切都是发自肺腑的。"他为我解惑。

这就是秘密所在。他为自己觉得值得的事情献出全部。他倾囊而出，而同样的你也可以做到。人只有在觉得生活无聊时才会泄气，思绪才会四处飘荡，但结果却是一事无成。但是只要能找到自己感兴趣的事情，人就可以永远保持活力四射的状态。我们提倡贡献自我，这是说在做事情时要沉下心，放开手脚大胆去搏。我们需要忘记个人的存在，融入环境里踏踏实实地做事。不要整天坐着抱怨，边看报纸边说："为什么他们不做些事情？"人若全身心投入便不会感觉辛苦，所以疲倦只是因为你还没能找到那件你想做的事。或许此刻的你感觉涣散、颓废，就好像被老树藤给缠住了无法动弹一样，但是如果你能将自己沉入到更重要的事件中去就会感觉到力量的存在，且沉入越深力量越大。那刻的你将没有多余的时间与精力来考虑自己，你将会把全副思想都用在解决问题上。想要时刻保持能量，就要不断调整情绪，这点非常重要。人只有在精神状态饱满时才会觉得充满力量。

已故的著名国家足球教练员钮特罗克尼曾经说过，一个足球运动员只有在学会用精神力量调控自我情绪时才能发挥他的最大能力。不仅如此，如果一个球员不能对队友抱有真挚、热忱的态度则不可能成为一名合格的队员，而他也从不允许自己的队里出现这样的人。"我需要每位队员都将自己的最大潜力都发挥出来，"他说，"如果有人怀有敌意就根本无法做到这点。因为敌意是释放能量的障碍，只有消除了敌意，人才能爆发最大的能量。"人若感觉力量不够，总是因为在某种程度上不能协调他们的情感所致，在内心最深处是有着感情和心理上的冲突。有时候这种冲突会变得异常显著，但想要治愈也并非无方可寻。

记得有一次我来到美国中西部的一座城市，当时应他人的请求，我特意为一位先生做一回心理辅导。据介绍，前来与我见面的这位先生从前是个非常有活力的人，但是不知何故他最近变得非常消极，没有心思工作，整个人像是彻底沉沦了一般。同事们分析可能是受到了某些重大打击的缘故。很快我见到了他，但也因此大吃了一惊，他走路的样子实在是太无精打采了。我看到的是一个魂不守舍的男人：一连几个小时，他只会把自己埋在椅子里，偶尔甚至还可以看到他在啜泣。种种迹象表明他的精神已经崩溃。

记得当时我安排的见面地点是在我住的宾馆里。我将自己的房间大门打开着，这样可以直接从里面一直看到电梯门口的情况。电梯门开了，我瞭向门外，那位先生正好从里面走出来。他拖着脚步走路，那样子不免让人担心他随时有可能被自己的脚给绊倒。他像是用尽了全部的力气终于走到了我的面前。我请他坐下，尝试着和他交谈，可惜毫无收获。在整个过程中他只是不停地抱怨自己所处的环境，根本没有仔细考虑我所提的问题。我知道问题出在哪里了，他是在自怨自艾。

当我问他想不想再重新回到之前的快乐生活中去时，他抬起头，用一种极其热切而又可怜的眼神望着我。他是那么的绝望，他告诉我他愿意用自己所拥有的一切来换回从前的快乐，找回从前的力量。

于是我逐步引导他吐露自己的心声。我希望能够将他过去生活中的那些已经被掩盖的回忆都召唤出来，尽管这其中一定有许多不为人知，却又让人困扰、煎熬的痛苦经历。我仔细聆听了他所回忆的每一件事情，发现在这许多的事件中有许多都与童年的经历有关。我们都知道一个人的童年非常重要，因为那是一个人生态度的塑造期。但可惜的是，就在那样一个关键的时段里他的内心遭受了许多打击，且在多数情况下与母子关系相关。这点给他的内心造成了极大恐慌，留下了阴影。在他的讲述的事件里，也有不少涉及了负罪感。类似的负面情绪经过长期的积累、发酵，膨胀得像是河里的淤泥，阻碍了他正常感情的宣泄，使得他的生命之河不再顺畅。而消极的人生态度也让他因此变成了一个难以感化和启迪的人。

自从我对这位先生进行了引导之后，他的状态有了明显的改观。尽管就个体的物质特性来看，他没有发生任何变化，但是他的精神被彻底革新了。那是一种从未有过的确定与自信。是对自信心重新疏通了他的生命之河，恢复了曾被阻滞的活力之流。他的生命也因此而变得充满生机。

自信心可以治疗人的疾病，以上的事实就是最好的证明。同样的，这个例子告诉我们负面心理因素的长期积累会侵蚀人的活力。自信心让他重生，正是借助了信念的力量。信念能够帮助人们克服消极负面的心理障碍，进而保证生命之河的畅通。

在经过许多位人类心理疾病专家的研究确认后，我们得到这样一个理论：负罪感和恐惧对人的生命活力有极大的削弱作用。当人陷入负罪感和恐惧或是两者复合的心理状态时，会在不自觉地挣扎下消耗大量精力。这就意味着那些原本应该被用来应对日常生活和工作的精力在被削减，人也因此更容易感觉疲劳，不能圆满地履行自己的职责。慢慢地他还会变得沉闷、倦怠，丧失对生活的兴趣，甚至可能对生活绝望，希望长眠不起。

一位商人曾经通过心理医生的关系求助于我。在周围人的眼中，他是一个极其诚实、自律的人。但没有人知道其实在私底下，他和一个有夫之妇有染。尽管后来他竭力想摆脱这种关系，却遭到了那位夫人的强烈反对。许多次他都真诚地恳求对方终止这种关系，以便能够让他恢复到合乎道德的生活中去，但那个女人却威胁他如果他坚持要终止这种关系，她会向自己的丈夫揭穿两人的出轨行为。商人担心，若是让她的丈夫知晓此事，必会搞得他声名狼藉。他不愿意看到这样的事情发生，他一直以自己良好的口碑而引以为豪。

对东窗事发的恐惧和对通奸行为的自责让他坐立不安。两三个月来他深感疲乏无力，工作也无精打采。由于一直得不到解脱，他的状态每况愈下。

于是他的精神医生建议就失眠问题向身为牧师的我寻求帮助，但当事人却不以为然，他认为牧师根本无力根治他的失眠症，在他看来只有医生开的安眠药才能帮上点忙。

他与我见面，直言不讳地表明了自己的不信任。于是我也直率地反问他，如果在想睡觉的时候床上出现有两个非常讨厌、让人不快的同床者时他能安然入睡吗？

"同床？我都是一个人睡觉，没有什么同床者。"他感到有些吃惊。

"不，你有的，"我正色道，"在一张头、尾各有一个厌恶的同床者的床上，遇到这样的情况应该没有一个人能够安然入睡。"

"我不明白你在说什么？"他疑惑不解。

"每天晚上你都在恐惧和自责中挣扎，辗转反侧却还是难以入睡。这不是安眠药能解决的问题，无论你吃多少分量都没用，你不也承认这一点了吗。你得明白，安眠药医治不了你的失眠症，它只会耗空你的精力。要想安然入睡，想要拥有充满精力的生活，你必须得从恐惧和自责中解脱出来。"

我帮助他对中止苟且关系后可能导致的后果进行了分析，通过让他对丑闻曝光后可能发生的结果做好心理准备来克服内心的恐惧。我向他保证，只要他做得合乎道德，那么无论怎样，最终都会有好报。没有人会因为行为高尚而犯错误。我鼓励他把一切都交让正义做主，自己只管按正义的准则行事，是赏是罚自有公论。

最终他勇敢并且怀着虔诚的决心中止了通奸的关系，而那位女性也没有把威胁诉诸实行。可能是出于自保的精明，又或是内心尚存良知，也有可能因为移情别恋的原因，她最终放过了他。

寻求正义的宽恕就能消除自责。只要你真诚地寻求正义的帮助，它就一定不会对你弃之不顾。我的这个病人就在道德的拯救下得到了解脱。看到他从恐惧和罪恶感中解脱出来神采飞扬的样子真是让人惊讶。如今，他不但能安然入睡，更是从内心感到了安详与平静，他是那么充满活力。作为一个睿智和懂得感恩的人，他又恢复了往昔的正常生活和工作。

对生活的厌倦是导致生命活力丧失的另一个常见原因。生存的压力，单调、枯燥的生活和无休止的事务侵蚀着人内心的激情，而激情对个人的事业成功又是不可或缺的。人不管从事什么行业，都会像运动员一样感到疲惫，都会感到空虚和枯燥。在这种状态下，即使从事原本感觉轻松的任务，人也难免会觉得疲倦，所以在个人精力有限的情况下，当事人的能力和行动力往往就受到了影响。

对于消除厌倦的情绪，一位出色的商业领导人兼大学理事会主席就有他独到的方法。曾经有那么一位非常优秀、深受学生欢迎的教授开始在事业上出现了严重滑坡。他的课堂不再吸引学生，教学质量也开始下降。学生和理事会一致决议，除非这位老师能够回复到当初充满新意和激情的教学形式中来，否则就需要另换他人。但是这种做法又不免显得过于残忍，依照惯例，这位老师离退休的年纪其实还有好几年。

于是那位商业领导人请这位教授来到了他的办公室。他对教授说理事会决定给他放为期6个月的假，不仅假期内的开销可以报销，同时还可照领薪水。所有的一切都只为一个要求，那就是他一定得给自己放个假好好休息一下，然后以最好的精神状态回来。

这个领导人还请教授到他自己的小屋里去住，有趣的是这小屋建在一片荒地上。他坚持不让这位老师带任何书籍前往，只有《圣经》例外。他建议教授每天为自己安排时间外出散步，去河边钓鱼，或者是在花园里摆弄点花花草草。不仅如此，他还要求老师每天腾出一段时间来阅读《圣经》，在这6个月里面要将整本书从头到尾读3遍。

领导人说："我相信如果这6个月里你能够做到每天都细细体味那些隐藏在劈柴、刨土、阅读《圣经》，以及湖旁垂钓中的趣味，那么你一定会变成一个全新的人。"

教授答应了这些奇怪的要求。他学着适应这一完全不同的生活方式，结果他发现这一切行动起来远比想象中来得容易。事实上，他爱上了这样的生活，爱上了这种户外运动。尽管偶然也会思念那群出色的同事和他的书，但他还是将心放到了《圣经》——这本他唯一携带的书上。他一边阅读一边沉浸其中，惊讶地发现这本书居然向他解释了自己所想知道的一切。在书中他找到了信念，感觉到了平静，挖掘出了力量。6个月之后他焕然一新。

后来领导人告诉我，现在那位教授已经完全恢复如初。如今的他"精力百倍"，不再泄气。重生之后他拥有了源源不断的力量，新的充满激情的生活也再次在眼前展开。

创造自己的快乐

谁能主宰你的快乐？答案当然是你自己！

一次，一位知名电视主持人在其节目里特别邀请来了一位古稀老人。此位特约嘉宾年岁甚高，但说话风格却是坦荡直白，不加任何雕饰。在观众眼中他就像一位老顽童，精神抖擞而又快乐无比。在整场谈话过程中，老人不时流露出他特有的天真与机敏。许多次，大家都被他的回答逗得捧腹大笑。观众们都非常喜欢这个鹤发童颜的老人，主持人自然也不例外。现场的每个人都沐浴在一种欢乐的气氛中。

节目最后，主持人讨教老人快乐的秘诀："跟我们讲讲你的秘密吧。"

"没有什么秘密呀，"老人回答道，"我什么秘密武器都没有。我身上有的大家都有，一个鼻子一双眼，你们也是一样。唯一不同的可能就是在每天清晨醒来，我都会给自己两个选择——快乐或者是悲伤，你们猜我怎么做？我选择了快乐，然后快乐自己就跑来了。"

一定会有人觉得老人的解释太过于简单，也可能有人会认为那因为他不谙世事所以才会让选择变得容易，才能拥有比普通人更多的快乐。但是亚伯拉罕·林肯却可以为我们证明事实并非如此。这位伟大的领袖说过只要脑中想着快乐，人就能变得快乐。同样，悲伤也会借助相同的方法轻而易举掌控你的生活。只要你选择了忧伤，并且一直在潜意识里告诉自己会有不好的事情发生，那么结果一定会是一团糟糕，你会因此而饱尝苦果。但是，若我们能反其道而行之，事情就会发生逆转。对自己说："一切都会顺利起来，生活是美好的，我选择快乐相伴。"你将会看到愿望成真。

快乐是孩子们的专利。如果一个人在进入中年甚至是老年时还依然能带着一颗童真的心，那么他一定会是一个快乐的人。原始的快乐是自然的恩赐。在任何时候都要保持一颗孩童般纯真的心，因为这样我们才能快乐。所以，永远都不要让自己的心老去，不要再为一些无谓的烦琐之事而浪费活力，不要让自己变得老谋深算。

我的小女儿伊丽莎白已经9岁了，对快乐她有自己的理解。有一天我问她："亲爱的，你快乐吗？"

"当然，我很快乐。"她回答道。

"那么你每天都这样快乐吗？"我继续问她。

"是的，我天天都那么开心。"她回答说。

"告诉我，是什么让你觉得那么开心？"我问。

"不知道，"她执着地说道，"反正我就是觉得很开心。"

"不可能啊，总是有一些事情才让你变得快乐。"我和她争论起来。

"好吧，"她说，"让我来告诉你吧。我的同学，他们让我觉得开心，我很喜欢他们。我在学校里的日子也很快乐。我喜欢去学校上课（我没有教过她这些），喜欢所有教我的老师。我还喜欢去教堂，我喜欢主日学校和那里面的老师。我爱姐姐玛格丽特和哥哥约翰。我爱妈妈和爸爸，生病的时候是他们在照看我，他们爱我，疼我。"

这就是伊丽莎白的快乐。在我看来，她的快乐包括下面几个因素：同学（也是她的同伴）、学校（那是她学习的地方）、教堂和主日学校（她在那里获得了信仰），姐姐、哥哥、妈妈和爸爸（家给了她爱的感觉）。所以快乐其实很简单，若是能拥有以上这些，那便可以称得上是拥有了全部的幸福。

一次，男孩和女孩们被召集起来做调查，要求写出最让他们感到快乐的事情。孩子们的回答让人意外。一位男孩这样写道："我喜欢看燕子飞过天空，看清澈见底的湖水上飘着小舟。我喜欢列车飞驰而过的感觉，喜欢抬头看起重机把货物缓缓吊起。我喜欢家里小狗水汪汪的眼睛。"

女孩子们写的则是："街灯倒影湖中，红瓦点缀绿树的景致最美；袅袅的炊烟、红天鹅绒的丝缎以及星夜里的那明月最能打动我们的心。"生活像是一本图画书，收藏着无数美妙的画面。 所以只要能够怀抱一颗纯净的心，拥有一双明亮的眼睛，我们就体味这其中蕴藏的平凡的浪漫。像孩子一样去感受这些最简单的快乐吧。

人其实都是自寻烦恼的生物，当然社会问题之类除外，因为它们不能为个体意志所改变。尽管如此，在很大程度上，我们还是被自我建立的生活态度所控制着。感觉快乐或是悲伤成了影响我们生活质量的一大因素。

　　"4/5的人本应享受生活带给他们的快乐，可结果却事与愿违。"杰出的政治家说过这样的话："大部分人都觉得自己过得并不幸福。"我不知道那剩下的1/5的人是否都得到了幸福，但可以肯定的是，我所遇见的不幸的人实在多不可数。生活中最简单的愿望莫过于"幸福"二字，既然它是人们最希望拥有的状态，那我们就应该努力去做点什么来收获这样的幸福。快乐其实不难寻找，甚至是触手可及。只要有希望，有信念，有行动，每个人都可以做个快活人。

　　记得有一回我在火车的餐车里遇见一对陌生夫妇。其中夫人的穿着非常高档，皮革裹身，还戴着钻石，所有的行头都尽显身份。可是她看起来却一点都不快乐，一路上都在喋喋不休地抱怨车厢昏暗、漏风，抱怨服务员的态度惹人讨厌，提供的食物难以下咽。她抱怨、懊恼身边的一切。

　　与之态度截然相反的，丈夫却是格外绅士。他显得那么坦然、镇定，随遇而安。我想他或许正在为自己妻子的过分挑剔感到尴尬与不快。真是可惜，如此愉快的旅行气氛就这样被破坏了。

　　为了制止妻子继续无休止的抱怨，丈夫故意改变话题。他自我介绍道是个律师，并询问我的职业。他笑着对我说："我的妻子从事制造工作。"

　　我很意外，因为从外表观察来看她并不像是从事商业或是行政管理类工作的人，所以我问："那她具体做什么？"

　　"忧愁，"他回答道，"她经营自己的忧愁。"

　　如此一来情况更糟糕了，我甚至能感觉到那一刻周围的气氛冷得像是结了冰。尽管丈夫的话过于刺耳，但我还是非常赞同这样讽刺性的比喻的。现实生活中这样的人并不少见，"他们自己经营烦恼"，这描述太准确了。

生活中少不了困难和挫折，但如果仅仅因为这些而将幸福的感觉冲淡，将不快乐的情绪纠结在自己心中，这样的人真是非常可怜。我们无法阻挡困难的出现，却能阻挡不快乐的情绪，将不快乐归结于人生的艰难困苦的人愚蠢至极。

与其重复不断地制造不快，不如花一点时间来学习怎样获得快乐。可以肯定地说，人们从酿造忧愁的情绪开始到最后陷入苦恼之中，这一切完全都是自作自受。我们总会习惯性地去培养一种忧患情绪，比如想着所有的事情都会向最坏的方向发展，我们同样也会去问为什么别人可以不劳而获，而自己却不能得到应得的那份。

悲伤很多时候来源于我们自身的情绪。人经常会觉得满是痛苦，希望渺茫，甚至是憎恨整个世界。这个不快的过程通常是由内心深处的恐惧与忧虑所激发。幸运的是，这本书会教我们如何去克服这些消极情绪。我之所以在这里花那么长的篇幅来分析悲伤的产生原因，目的只有一个，就是向人们强调大部分人的不快都是自己造成的。因此，既然人可以自己制造烦恼，也就可以自己制造快乐。

我在火车里的一段奇遇应该算是个绝好例子。那是一个早晨，老式的普式车厢内，大概有半打的人都挤在男士盥洗间里刮胡子，我也是其中一个。尽管整晚的时间大家都是在那么一个狭小的车厢内度过，却没有人愿意在这个时候对身边的人道一声早安。陌生人依旧是陌生人，没有人交谈，大家都是喃喃自语。

就在这个时候，一位先生带着微笑走了进来。他向在场的所有人道了声早上好，不过得到的却是敷衍的回应。接着他开始哼起小调刮起胡子，无意识的，他的调子里露出了一点乐观者的味道。这自然引起了周围人的关注。最后一位乘客开口讽刺地问道："一大清早起来就那么开心，昨晚是有什么好事发生？"

"当然，"哼小调的先生回答说，"我很快乐，我觉得满心欢喜。这是我的习惯，每天都以最快乐的状态开始生活。"

他只做了那么一句解释，但是我相信在场的所有人在离开那间屋子之后都在脑子里回味他说的话："我习惯让自己快乐。"

这一表述留给了我深刻的印象。事实上快乐与否在很大程度上都取决于我们如何培养自己的生活态度。《圣经》中有这样一段话："困苦人的日子，都是愁苦。心中欢畅的，常享丰筵。"换句话来说，培养快乐的心，就是培养快乐的生活习惯。生活就像是一场不间断的盛宴，所以我们应该尽情享受其中的快乐。学习快乐即是一个创造快乐的过程，我们有能力做到这一切。

培养快乐的习惯很简单，只需要练习快乐地思考。列出所有让你觉得高兴的事情，然后每天都在脑中将它们放映一遍。一旦发现有忧虑情绪偷偷溜进了你的思绪中，请立刻将它拦截，尽全力把它赶跑，用快乐的心情去取代它。每天清晨起床前，给自己一个在床上放松的机会，让所有快乐的情绪飘进脑子里，让所有希望发生的幸福画面都浮现在你的脑海里。闭上双眼，尽情体味其中的快乐，积极的情绪会带领你将梦想转变为现实。不要假想不幸的发生，若是如此，便真会把不幸带进现实生活。人总有捕风捉影的习惯，事无大小，都会引发情绪上的波动。待到那时，你将会陷入疑问的深渊："为什么所有的不幸都针对我？为什么所有的事情都会变得一团糟糕？"

其实问题的答案很简单，只因为每天你都在用坏心情做生活的起点。

所以从明天开始，试着用下面这个方法来驱赶自己的消极情绪。下床前，大声将这句话朗读 3 遍："这是最有意义、最美好的日子。我们在其中高兴欢喜。"想象着这句话已为你所用，并对自己说"我在其中高兴欢喜"，用充满激情的语调和高亢清楚的声音重复多遍。这是消除消极情绪的最佳方法。如果能每天在早饭前将这句话重复 3 遍，并且细细体会字里行间的意义，那么你将会改变自己的心情，从而改变一整天的走向。

你可以在穿衣、刮胡子或是用早餐的时候，响亮地说出下面的这些话："我坚信接下来的一天会充满奇迹。我相信自己有能力解决所有问题。我感觉自己身体健康，精神奕奕，情绪饱满。能够生活在这个世界上真是件美妙的事情。我感谢所有曾经拥有，现在拥有，以及将来拥有的东西。一切都会变得顺利，因为幸福就在我身边。我感谢自然赐予的一切。"

我曾经认识一个整天生活在忧虑中的男人，他总会在早餐时间对妻子说这样的话："今天又会是艰辛的一天。"这是一个怪癖，尽管有些时候他并非真是这样想，但在他看来，如果将未来的一天说成是困难的一天，那么一切都只能变得更好，而非更坏。他把这当作自我安慰。不过可惜，几乎每一天他都过得非常糟糕，他很少有机会感受所谓更好的结果。这当然不足为奇，因为一个没有信心的开始必定不会有意料之外的美好结局。事实上，这位先生正是犯了这样一个错误。因此，如果你想过得快乐，就请记得在每一天开始的时候都让自己坚信快乐一定存在。这样你才会发现生活中其实存在着许多的意外惊喜。

当然，光有坚定的信念而没有实际的努力是不行的。尽管信念的作用是如此之大，我们依然需要实践，要学习保持快乐积极的生活态度。

在快乐生活的原理之中最简单基本的一条就是要求我们拥有爱与希望。强大的信念与美好的希望可以激发出惊人的力量。它们是快乐的催化剂。

我的朋友塞缪尔·舒梅克博士曾经写过一则非常感人的故事。故事的主人公拉尔森顿·杨是中央车站第52号搬运工（俗称红帽子）。拉尔森顿以搬运为生，每天都在这个世界第一大火车站里工作。拉尔森顿不仅帮人拎包，更是做着所有一切力所能及的事情。他喜欢注意每个乘客脸上的表情，如果需要，他便会给这些人送去鼓励与祝福。他在这方面做得非常出色。

有一天，拉尔森顿负责照顾一位老妇人上火车。老人行动不便，所以他推着轮椅把老太太送进了电梯。就在电梯降落的瞬间，老人的泪水滚滚而下。很快，电梯门开了，拉尔森顿推着老人从电梯里走了出来，他笑着对老人说："妈妈，如果不介意我这样称呼你的话，我想说你今天的这顶帽子非常好看。"

老人抬头看看他回答道:"谢谢。"

"而且我还想说你今天穿的裙子也非常漂亮。我很喜欢它。"

老太太一下子感觉受宠若惊。是呀,身为女性,有谁不喜欢听到这种的恭维呢?老人忽略了身上的疼痛,开心地对拉尔森顿说道:"我居然能遇到像你这般的好人,你真是个体贴的好孩子啊。"

"其实,在望见您的第一眼时我就感受到了在您内心隐藏着的那股悲伤。看着你含泪的双眸,我思考怎么做才能帮到你。于是我对自己说:'就说她头上的那顶漂亮帽子吧。'"聪明的拉尔森顿明白怎样才能把女人从悲伤中拉出来。

"你觉得好些了吗?"拉尔森顿问道。

"没有,"老妇人回答说,"身上的伤痛一直折磨着我,没有一刻停止过。甚至有时候我觉得自己已经走到了生命的尽头。你能够体会或是明白这种永久的伤痛吗?"

搬运工回答道:"是的,妈妈,我能体会这种感觉,因为我失去了一只眼睛,那种灼伤的刺痛日复一日。"

"可为什么你看起来依然如此快乐,孩子,你是怎么做到这一切的?"老人惊奇地问。

这时拉尔森顿已经将推着老人走进了地铁:"是祈祷,妈妈。一切都靠此力量。"

老人听后轻轻地问:"祈祷真的帮你带走了所有伤痛吗?"

"实事求是地说,它并不能带走所有的痛苦,但却能帮我忍受疼痛的折磨,让身体的痛楚感不再那么强烈。所以,妈妈一起来祈祷吧，我也将为你祈祷。"拉尔森顿回答道。

于是老人停止了流泪，她抬起头，拉着拉尔森顿·杨的手微笑地说："你真的帮了我很多。"

一年之后的某个夜晚，搬运工奉命到中央车站的信息中心当值，在那里他遇到了一位年轻的女士。女士对拉尔森顿说："我来这里特意告诉你我母亲去世的消息。在她最后的时候一再嘱咐我要找到你，亲口对你说声谢谢。是你在去年的时候推着轮椅送她进车站，她说她会永远记得你，哪怕是在来世都不会忘记你曾经带给她的帮助。你的善良和爱心以及理解深深感动了她。"年轻女士最后忍不住掩面啜泣起来。

拉尔森顿静静地站着注视她，他温柔地安慰道："不要哭，女士，请不要哭泣，因为你不该这样，你应该感谢生活并祈祷。"

女士听后惊讶地问："我为什么要祈祷?"

"因为在这个世界里，有许多人自小便是孤儿，相比他们，你是多么幸福。你的母亲一直陪伴着你，直到现在你还能感受到她的存在。我向你保证，你一定会再次遇到她。要知道她其实从没有离开过你，她一直都在你看不见的地方望着你。或许她现在就在这里——就在我们两个人中间，听我们讲话。"

听完这一席话，女士停止了哭泣。拉尔森顿用他的善良感动了她，就如一年前感动了她的母亲一样，年轻的女士的心不再流泪。车站里人来人往，但有两个人却在那一刻清晰地感受到了有一份爱在空中荡漾。这样的画面是如此美丽动人。

托尔斯泰曾经说过:"爱所在,即上帝所在。"或许我们还可以说,爱与上帝的所在,即是快乐的所在。所以想要练习快乐的人首先要学会去爱。

我的朋友 H.C.马特恩就是这么一个懂得寻找快乐的天才,就连他的妻子玛丽也是个生活高手。这对幸福的夫妻经常利用工作空余时间四处游历。马特恩的名片非常别具一格,在它的反面你可以看到一小句话,而正是这句充满哲理的话让马特恩先生与夫人一同拥有了无比畅快的人生。不仅如此,小卡片还影响了许多人的生活,那些有幸见到这张名片的人无不为他俩的人格魅力所感化,为话中隐藏的真理所折服。

卡片上的那句话是这样写的:"酿造快乐的方法:让你的心远离所有仇恨,让你的意识远离所有烦恼。生活本该简单而又朴素,要求少,且付出多。我们需要把自己沉浸在爱的海洋里,感受阳光普照的温暖。我们不应再执着于自己的所得而应将注意力转向他人。做自己应该做的事情,坚持一个星期的时间,届时惊喜定会出现在你的眼前。"

或许有人会失望,会觉得这样的话不存在什么新意,但若从未尝试过,又怎知它没有效果呢。探索性地走出第一步,你将会发现这是最新、最流行、最神奇的方法,生活也会因此充满快乐和成功。明白道理却不愿付之行动,那道理又有何意义呢?这样的人可悲,这样的生活可哀。一个一贫如洗的人把自家门口的台阶都漆成金黄色,这么做看起来固然有些傻,却也不失快乐。其实生活就是那么简单。若你能照马特恩先生卡片上话的去做,一个星期后若还是愁云满目,那说明你的悲伤情绪已经根种得很深了。

　　我们若将快乐法则比作魔法，那么思想就是魔法杖。没有精神力量的支持就不能释放魔法，纵使知道了快乐的魔法也是无用。所以我们首先要改变自己的内心世界，只有当内心状态达到平衡时我们才能把快乐因子释放出来。每个人控制情绪的能力各有不同，但无论如何我们都能感受到精神力量的作用，因为它是快乐生活的内在推动力。只要懂得利用精神力量，任何人都可以感受到属于他自己的终极快乐，我可以对此保证。相信上帝的人会永远与快乐相伴。

　　我经常四处奔波，忙碌穿梭于各个城市和乡村之间，而让我最高兴的莫过于看到越来越多的人在变得快乐。他们中有很多都是快乐法则的拥护者，这些人有的读过此书，有的看过我写的专栏文章，有的听过我的报告，还有些是从别的作者和演讲者那儿了解到的。总之，他们都体会到了精神转变后创造出的巨大力量。积极的思想是快乐的源泉，它对任何人都适用，无论天南地北，不分男女老少。事实上，这一思想已成为一种时尚，成为人们最广泛的话题。若还有谁不曾体会过此等美妙的精神旅行，那么他一定会成为大家的笑柄，成为众人口中的落伍之人。懂得用运精神力量来操控生活的人是现代人中的佼佼者，而不懂得生产快乐的人则是大家眼中的落伍之人。有谁愿意眼睁睁地看着别人都在幸福中荡漾而自己却在苦海中漂泊呢？

　　不久前，我在一个城市里做演讲。演讲结束后，一位高大魁梧、长相英俊的先生走到了我的面前。他抬起手，重重地拍了一下我的肩膀，力量之大几乎让我在那一刻踉跄倒地。

　　"教授，"他用洪亮的嗓音对我说，"和我一起去参加聚会好吗？我们在史密斯先生家里开了一个盛大的狂欢舞会，来的人很多，我想这很值得你去看看。"你听，他的邀请多让人动心。

但是很明显，这并不是一个适合牧师参加的聚会。于是我犹豫了，我担心自己的出现会影响到聚会的气氛。我开始在脑中搜索推辞的借口。

"哦，不要去想什么身份问题，忘掉它吧，"我的朋友这样说，"不要担心，你的出现是再适合不过的了。只要到了那儿，你一定会为自己看到的一切而惊讶。如果错过了这次机会，我敢保证你会后悔终身。"

于是我屈服了。面对这样一个积极快乐的家伙，又有谁能说"不"字呢。我见过的人不算少，可不得不承认，他应该算是我遇见的所有人中最具感染力的一个。我跟那位先生来到了史密斯家。那可真是间大房子，院子后面种着许多树，家门前的马路宽阔而又干净。还未进门，你就可以听见从窗子里传出的喧闹声，看来大家都已进入状态。正当我站在门口，犹豫着该怎样让自己融入其中时，男主人走了出来。我的出现显然出乎了他的意料，但是惊讶过后，他立刻回神，热情地将我迎进了屋里。他激动地与我握手，并将我介绍给在场的朋友。他们真是一群快乐的人，在每个人的脸上写着"兴高采烈"四个字。他们的幸福与快乐是这样明显。

聚会中场时刻，我在房间里闲逛。我惊奇地发现整个舞会里只供应咖啡、水果汁、姜味汽水、三明治以及冰淇淋，没有提供任何酒精类饮料。

"他们一定在别的地方补充过能量。"我对主人说。

　　"补充能量？为什么你会这么认为？难道你看不出来，
这些人整晚都在这里，他们的活力并不是来源于外界物质
的刺激，而是来自于内心的快乐。聚会的目的不为别的，
只是想让每个参与者都能借此机会调整自己的情绪，努力
从中得到力量。大家都在不断地自我重塑中成长。我们相
信这世间还存在着纯真。是的，他们在不断补充能量，但
用的并不是你所谓的酒精类物质，他们用的是心。"

　　我沉默了。看着眼前一张张快乐的脸，我开始明白了
他话中的意义。舞会并不意味单纯的狂欢，也不意味酒精
与放纵。这间屋子里的来客全是些镇上的领导者——他们
是企业家、律师、医生、教师、社工以及其他住在附近的人。

就在这样一个聚会里，他们热烈地交谈，讨论上帝，每个人看起来都是那么愉快。站在一旁欣赏这一切，你会发现整个聚会是那么和谐、完美。大家彼此倾诉着自己生活中的变化，感慨着精神力量的伟大。

认为宗教与欢笑和快乐相抵触的人是幼稚的，这样的人真应该到这个派对来好好看看。

时间过得很快，正当我准备离开时，忽然脑子里出现了《圣经》中的一段话："生命在他里头，这生命就是人的光。"我在这些人的脸上看到的正是生命的光芒。人的外表是内心的写照，这是精神作用的缘故。生命意味着活力，而这些人正是从内心的信念那里获取了源源不断的活力，他们找到了快乐的源动力。

懂得寻找快乐的人并非稀有，我敢这样说，甚至是在我们平时生活的环境里，只要仔细去看，去观察，就一定能发现许多快乐的人。如果在你生活的地方找不到，那么请到纽约大理石教堂来，你会看到成百上千的快乐人。不用在一旁呆呆地羡慕，只要你按照这书中介绍的方法去做，就可以成为快乐大家庭中的一员，就可以拥有相同快乐的生活。

如果你决定学习获得快乐的方法，那么首先第一步就是要相信这本真理之书中所说的一切。第二步则是要勤加练习书中所列的方法，只有这样你才能真正感受到快乐。我很熟悉这个过程，因为许多人曾经这样做过，而有更多的人正在尝试，他们都用相同的方法再次感受到了生命的活力。在完成第二步工作后，第三步要做的就是改变自己的内心世界。你要坚信生活是快乐的，而不是痛苦的。精神世界的改观会让你感觉自己生活在了一个不一样的空间里，这是正常现象。世界观的变化，就等于是现实环境的变化。所以说思想的变化可以改变生活、环境甚至是全世界。重塑心灵，让自己也得到重生。

如果一个人的快乐取决于他的思想状态，那么驱赶内心的沮丧与失望就显得至关重要。想要达到这样的境界，首先第一点便是下定决心，第二点则是用我接下来要介绍的方法，这里有一段故事想和大家一起分享。某一天午餐时间，我遇到了一个生意人，从他那里听到了有生以来最阴郁的一段话。因为他的表现过于沮丧，我于是得用尽全力来避免自己受到相同情绪的感染。听完这位悲观主义者的论断，我也不禁怀疑在接下来的时光里，厄运会不会接二连三地发生。消极的情绪让人恐惧与乏力，接踵而至的困难也让说话者完全失去了信心。他的抑郁无处宣泄，堆积在心中，变成了自我折磨。其实想要解决他的问题，方法很简单，只要消除心中的悲观态度就可以了。他所需要的不过是坚定的信念与美好的希望。

于是那一刻我大胆地对他说道："如果你想让一切都好起来，那么请不要再这样自怜自哀，我可以给教给你一个方法。"

"你行吗？"他不相信地说，"难道你会回天术？"

"不，"我回答道，"我不会法术，但是我可以帮你介绍一位伟大的魔术师。他会帮你消除所有的不快，会带给你全新的生活，我向你保证。"说完这话，我们便分开了。

我的话勾起了他好奇，几天之后他又找到了我。那次我将自己写的《思想的调控》一书送给了他。书里面包含了 40 种改变思想态度的方法。因为它的个头非常小，我便建议他随身携带，如此一来每天他都可以学习一种思维方法并将其印进脑子里，每当遇到困难时也都可以随时向这本书求助，花 40 天就可以学会这 40 种方法。我还要求他将这些方法通过记忆存储的方法融入到自己的意识中去，让这些健康思想可视化，让它们通过思想的作用释放出力量以抚慰受挫的心灵。我向他保证只要按照这个方法去做，那些健康的思想会帮助他赶跑痛苦的念头，帮助他重拾往日的快乐、能量以及创造力。

第一次听到这样的建议他不免感觉有些怪异。尽管心存怀疑，他还是照我说的去做了。3 个星期之后，他打电话给我，在电话的那头他对我叫道："哦，天哪，它起作用了，奇迹果然发生了。我感觉整个人都重生了，我简直不相信这一切都是真的。"

他不停讲述自己"重生"的过程，他成了一个无比快乐的人。这一切都应归功于思想的变化。正确的思想态度给了他驾驭生活的能力。他告诉我，当初第一个克服的障碍就是怎样正确看待自己的处境，如何不再让自己一个人待在家中自怜自哀，不再自我惩罚，不再让自己的不快影响生活的基调。尽管很早以前他就明白消极的思想会破坏生活，却一直没有足够的勇气和力量来改变这一切，因此痛苦的他一直生活在失败中。但是终于他踏出了尝试的一步。在系统理论的指导下，健康积极的思想被植入了他的思维模式中，梦想生活也开始慢慢展现在眼前。渐渐地他开始意识到快乐其实离自己并不遥远，甚至他已经拥有了快乐。3 个星期的实验结果证明他成功了，久违的快乐和幸福又一次溢满了他的心。

在这片广袤的土地上每天都有一大群人在寻找快乐。如果在美国的每个城市、村庄或是小镇里都有一个散播快乐的小队，那么我们就可以在很短的时间里改变所有人的生活。若是有人问小队工作该怎样展开，那么下面这个故事就是一个很好的典范。

有一次我在一个西部城市里做演讲，回到宾馆时已经是深夜了。我想小睡一会儿，因为明早五点半还得早起赶飞机。正准备上床之际，电话铃声响了，一位女士的声音传了过来："在我家里聚集了50多位客人，大家都很期待你的到来。"

我向她解释因为明早的需要乘坐早班飞机离开，所以很遗憾不能满足他们的希望。

"哦，可是我们已经派出两位先生开车赶来接您了，我们都在为您祈祷，因为我们都很期待能够有机会见到您，希望在你离开前能与我们一起做祷告。"

结果我还是去了，我很高兴自己最后作出了这样的决定，尽管那晚我几乎没有时间合眼。

两位来接我的先生曾经是一对酒鬼，是信念的力量帮助他们摆脱了酒精的缠绕。如今他们都过上了幸福美满的生活。

我来到了电话中所说的那个地方，发现里面都挤满了人。有的坐在楼梯上，有的坐在桌上，还有的坐在地板上。他们在做什么？原来是在举行祈祷仪式。有人告诉我在这个城市里有60个类似这样的组织，几乎任何时候你都可以听到他们的祈祷声。

这样的聚会在我的生命中还是第一次。他们每个人都很

不同，所以根本不会让与会的人感觉乏味。他们是一群懂得
释放自己、快乐而又真诚的人。在屋子里还涌动着一股奇特
的力量，让我的身体感觉越来越轻。大家在一起大声唱歌，
我从未听过这样的歌唱。整个房间里都洋溢着欢声笑语。

这时一位女士用拐杖支撑着双腿向我走来，她对我说：
"他们告诉我我永远都不可能再走路。你想看我走路吗？"
说完她在房间里走了一圈。

"你是怎么做到的？"我问。

"是信念的帮助。"她回答我。

这时另一位漂亮女孩走过来说："你见过瘾君子吗？我
曾经就是，不过现在已经戒了。"她坐在我身旁，美丽、温柔、
迷人，她对我说："是信念帮了我。"

接着一对曾经离异的夫妇告诉我如今他们又生活在了
一起，而且比从前过得更快乐。

"发生了什么事？"我问。他们只送给了我一句话，"生
活让我们在一起。"

一位先生告诉我他曾经嗜酒成性，并且掏空了家里一
切，最后可以说是穷困潦倒。那时简直就是个彻底的失败者，
但是现在他站在我面前，健康、强壮。我问他是什么改变
了他，他笑着说："信念挽救了我。"

新一轮的歌声再次响起，有人调弱了灯光，大家开始自
发地手拉手围成一圈。我感觉自己像是握住了一条导电的线，
力量在整个房间里流动。毫无疑问，我成了这个小组中最晚
体会到这一切的人。在那一刻，我感觉到上帝耶和华就在这
间房子里，而这其中的所有人也都感觉到了他的存在。大家

都被生活的力量所震撼，是信念给了这些人新的生命，生活幸福得像在冒泡泡。

　　这就是幸福的秘密，其他一切都是次要的。如果有机会经历这一切，你将会发现一种真实的幸福，不带任何烦恼与瑕疵。它将会是这世界上最美好的感受。不要错过这一切，相信上帝，他会让你的生活变得幸福。幸福本属于生活。

扫码获取更多资源

消灭消极情绪

　　很多时候人们感觉生活不易，其实那都是作茧自缚的思想在作祟。人类愤怒与焦躁的情绪经常会在不经意间把自身的力量给带走，这本身就是一种极大的资源浪费。

　　你是否有过"狂怒"或是"焦躁"的经历？如果有，或许你会对下面这幅发怒的场景感到熟悉。发怒的过程包含了一系列的动作，首先你的怒气会在心中聚集，然后升腾到胸口。它就像一股蒸汽不断地向外冒，激烈地运动，搅得人心烦意乱，最后让人变得狂躁不安。"焦躁"也是同样的道理。这样的情况就好像是一个在半夜里生病的小孩，一边哭一边闹。偶然间你听到这哭闹声停止了，不要高兴，他只是在为下一场做准备，而最后你会被折腾得坐立不安，烦躁异常，就如同整个人被穿透了一样。焦躁是幼稚者的行为，但是我们可以在许多成年的人身上看到它的影子。

　　如果想要生活得充满动力，那么就不要再为一些无谓的事而暴躁或是焦虑，我们应该学会让自己保持平和的心境。想要达到那样的境界，就请依照按下面所说的方法来做。

首先第一步，我们要尽量减慢生活的步伐，让自己的节奏缓和下来。现代人的生活节奏在不断加快，快到连自己都无法想象，不仅如此，我们还不得不承认这样快的节奏有很大一部分原因是来源于自我施压。太多的人因为过快的生活节奏而将自己的身体推向毁灭的边缘。然而更可悲的是，人们的意志也在这样的过程中被逐渐摧毁，灵魂也随之飘荡。人有可能在意识高度紧张的情况下依旧维持身体的平静，这点甚至是对生理有缺陷的人来说也不足为奇。事实上，身体的平静与否完全取决于我们的思想状态。当思想混乱时，各种念头就会在脑袋里横冲直撞，我们的身体状态也会随之进入混乱，这时的人自然就会变得急躁。所以如果我们想要避免各种过度刺激与兴奋的情绪，就请从减慢自己的脚步开始。很多时候，长时间强烈的外界刺激会像毒药一样侵害人的机体，扭曲人的精神。它会耗尽你的精力，让你感觉浑身无力。它会引发你对周围一切事物的不满，会让你为身边的小事而抱怨和愤恨，甚至在面对整个国家和世界的时候也产生相同的感觉。情绪上的不安会对人的生理造成极大的副作用，那么它对我们的内心，对我们称之为灵魂的那部分内在又有怎样的作用呢？

行色匆匆的人总是无法放松他们的精神，但自然却从不匆忙。他从不为屈就人们的速度而加快自己的脚步。自然讲求效率："一味愚蠢地想要地向前冲的人们，在你们筋疲力尽前的那一刻我会伸出双手来拯救你们，但如果你们愿意放慢脚步跟着我的节奏前进，那么生活将会因此变得丰裕。"是的，自然的脚步平稳而又扎实，慢慢地，一步一步，他将所有的事情都安排得井井有条。聪明的人永远都会与自然保持统一，因为伟大的自然总是能不紧不慢地处理完一切大小事务。他从不曾慌乱，不曾焦躁。他是平静与效率的化身，他将一样的效率也带给了你。

若仔细想想，我们将会发现，现在的这一代人生活得十分可怜。特别是对于那些住在大城市中的人们，紧张的情绪压力和人为过度的兴奋以及噪音都在破坏这生活的平衡，甚至让空气中都弥漫着一股焦灼的味道，它们会将这种病态的心理扩散到这个国家的其他地方。

一位老妇人曾经和我讨论这个话题，引用她其中的一句趣话："生活就意味着周而复始的运作。"的确，这里面有很多的压力和责任，每天我们都在紧张的节奏中忙碌，每日我们都要和不断袭来的压力做抗争。

有时候我甚至会怀疑新一代的美国人已经不习惯于生活在没有压力的环境中。压力的消失甚至还会让他们觉得不快乐。曾经那片宁静的树林，那条静默的山谷，在如今都只蜕变成了父辈们记忆中的一抹痕迹。我们生活的步伐太快，快到不能再从平静和安宁的大自然中得到力量。

盛夏的一个午后，我与妻子两人到林间散步。我们来到了莫宏克湖畔山庄，这里是美国最美丽的自然公园之一，拥有面积达 3000 多公顷的原始山脉。在这片群山苍木之中怀抱着一座名叫"莫宏克"的小湖，它就像是镶嵌在其中的一颗宝石。"莫宏克"一词意为天空之湖。在亿万年前，剧烈的地质变化形成了现在的这片悬崖峭壁。你可以看到茂密的树木生长在神奇的山岬上，还有那片山峦间的幽谷，棱石叠嶂。看着它们你能体味出岁月的味道，就好像这太阳一样久远。美丽的树林、山峦以及峡谷，这所有的景色都应该是治愈人们内心混乱的最好药剂。

正当我们漫步在其中的时候，忽然下起了一场雷阵雨，乌云飘过后太阳又露出了笑脸。由于毫无防备，大雨将我们淋了个透湿。看着身上被水打湿后缩皱在一起的衣服，我与妻子忍不住抱怨起来。不过马上我们又转变了态度，我们互相对对方说在夏天里淋点小雨算不上什么，因为这么干净的雨露不会对身体造成伤害，我们还能因此感觉到雨点打在脸上的清凉与爽快，可以坐在太阳底下晒太阳。我们边走边说，来到了一片树林下，忽然间大家都陷入了沉默。

我们开始倾听，倾听这片宁静深处的声音。准确地说，这片树林并非是完全静止的，相反，在里面正发生着无数微妙的变化。伟大的自然在自我运作时从不发生尖锐的声音。自然之声是如此的宁静与和谐。

在这样一个美丽的下午，大自然用她那双神奇的双手安抚了我们的心灵。她让我们变得平静，当初的紧张与压迫也一去不返。

正当我们沉浸其中的时候，远处传了一阵模糊的响声，好像是快节奏高分贝的吉特巴音乐。仔细一看，原来是在树林的那一头正走过来 3 个年轻人，两个女孩和一个男孩，男孩的手上正提着一架收录机。

3 个年轻人是从城里到这片林子里来散步的，可悲的是他们把噪音也一并带了过来。他们都很和善，所以当我们相遇的时候一起停了下来交谈了一会儿。我们聊得很投机，甚至有那么一刻我想是否应该提醒他们将音乐关掉，去听听这树林中大自然协奏出的音乐。但最终我没将这样的话说出口，毕竟年轻人的选择与我无关，于是他们仍然依照自己的方式继续郊游。

在回来的路上，我不禁与妻子讨论起之前发生的事。在我们看来这群孩子丢失了一次绝好的聆听机会。如果他们能够关掉嘈杂的音乐，走进这片宁静的林子，仔细去听这其中蕴藏着的完美旋律，就能体味出如同这个地球历史一般源远流长的韵味。人们永远无法创造出这样的乐曲，那是风穿过树林的声音，是小鸟用心唱响的甜美乐声，是自然背后最原始的曲调。

类似的声音在美国的许多地方都可以听到。无论是在森林里、平原上，还是在山谷、起伏的群山间，或是在海浪轻拍的沙滩上，你都可以感受它们的存在。你可以在这些声音里重新获得生命的力量。记住上帝的话："又赶出许多的鬼，用油抹了许多病人，治好他们。"知道吗？甚至是在写下这句话的时候，我依然能够清楚地回想起许多年前的场景。它一再地提醒了我要不断相信并且练习这个方法，我现在把它介绍给你们，希望能够引起你们足够的重视。期待美丽生活的人就应该从自我沉静开始，不断练习平抚情绪的方法。

我与亲爱的夫人曾经在秋季的某一天开车去马萨诸塞州的迪尔费尔学院看望我们的儿子约翰。我们约好在上午11点到达，并且一向以老美国人的守时之风引以为豪。所以当发现时间快来不及的时候，我们开始一路狂飙在这片金色的原野上。这时妻子对我说："诺曼，你看见那片耀眼

75

的山坡了吗?"

"什么山坡?"我问道。

"就是你刚开过的那片,"她解释到,"那儿的树真美啊。"

"什么树?"我边说边将车开出了一英里之外。

"这真是我见过的最美丽的景色了,"妻子感叹着说,"真的无法想象在新英格兰 10 月的山坡上可以看到如此绚丽的色彩。看着它让我感到一股由内而外的喜悦。"

妻子的话深深触动了我的心。我于是刹车、调头,往回开了 1/4 英里的路,来到一个背山的小湖边。我望向湖面,只见一抹秋色倒影其中。我们就在那里坐了下来,忘记了心中的焦虑。自然用他的智慧和力量涂抹了这样一幅美丽画面,这般缤纷的色彩只有,也只能出自于他的手笔。宁静的湖水折射出他的光芒,看那山峦沉浸在湖中是多么让人难以忘怀。

我们两个人就那样静静地坐在那里不说一句话,最后妻子打破了沉默。她引用了《圣经》中的一句话来定义这一切:"他使我躺卧在青草地上,领我在可安歇的水边。"当我们达到迪尔费尔的时候时间恰好走到 11 点,并且我们丝毫未觉疲倦与匆忙。相反,我们感到前所未有的轻松和愉快。

每个人都会有被紧张情绪压得喘不过气来的时候。想要缓解这样的症状首先就要学会减慢你的节奏。减慢节奏就意味着减慢你的脚步,沉淀你的心情,不要恼羞成怒,不要焦躁不安,努力做到心平气和。好好感受由自然带来的平静与力量,记住自然会时刻帮助你。

我的一位朋友曾经因为压力太大而被迫执行了一段时期的休假。他说:"我在这个过程中学到了很多东西,现在我能体会到只有当一个人内心平静的时候才能感受到生命的真谛。"

我还遇见过一位医生,他的病人是一个好强干练的商场老手。当时他焦急地告诉医生自己手上有无数工作在等他去完成,所以他必须以最快的速度准确地完成所有任务,否则所有的事情都会乱套。

"我每天深夜都得拿着公文包回家,里面放着没有处理完的工作。"他的情绪明显开始变得紧张。

"为什么到了半夜你还要把工作带回家?"医生缓缓地问道。

"我必须把它们都处理好啊。"这位先生有点气恼。

"难道别人不能替你处理这些事情吗?"医生又问。

"不可能的,"他大叫道,"我是唯一可以做好这一切的人。所有的任务都那么急迫,我必须将它们都处理妥当,我要分秒必争，没有人可以做到这些，所有的人都得依赖我。"

"如果我给你开个药方，你愿意按照上面所说的去做吗?"医生问道。

于是医生将一个有趣而又奇怪的药方递给了他。不论你相信与否，药方上写着:每天抽出两个小时的时间去散步，然后每个星期抽出半天的时间去墓地。

病人看后吃惊地问道:"为什么我要在墓地里待上半天时间?"

"那是因为我想让你在墓地里走走，然后看看那些墓碑。在这些墓碑下面沉睡着一些永远都不会醒来的人。我希望你能明白就在这些人中间也有人曾经拥有和你一样的想法，他们也曾经认为这个世界不能没有他们的存在，所有的一切重担都压在他们的肩上。"医生继续说，"所以在那里好好想想吧。想象着当你也永远安睡在那里的时候，这个地球是否还会像从前一样转动，是否会出现像你现在一样重要的人，来肩负起你现在的工作。我建议你就坐在其中的一个墓碑前，重复着说:'在你看来，千年如已过的昨日，又如夜间的一更。'"

病人照着这方子去做了，他开始减慢了自己的速度，开始学着将自己的任务交付给他人去完成。他开始重新认识自己的重要性，并且不再愤怒与抱怨。他开始变得平静，更重要的是他的工作甚至比从前更为出色。在他的领导下，团队变得更加强劲，就连他自己也不得不承认如今的业绩要远胜过从前。

除了上面的这么一个例子，我还遇到过一位有名的制造商。他当时正为自己的紧张情绪而饱受折磨。事实上他的神经已经绷得太紧了，用他自己的话来说，每天清晨他都会从床上一跃而起，然后把自己弄得像个上了发条的机器。他整日行色匆匆，就连早饭也只吃个水蒸蛋，为什么呢？因为在所有食物中就属它们吞咽起来最快。紧张快速的生活节奏让他在中午的时候就感觉累垮了，而每天夜晚回到家他更是觉得疲惫不堪。

制造商的家坐落在一片绿树环抱之中。一天早晨，他无心睡眠，起床走到了自家窗前，无意间他注意到了一只停在树上休息的小鸟。这只熟睡的小动物将它的小脑袋埋在自己的羽翼之下，而它的羽毛就像被子一样裹着它小小的身躯。小鸟从梦中苏醒过来，从翅膀下抽出小嘴，睡眼惺忪地向四周张望着。它伸伸腿，舒展自己的翅膀，好似孔雀开屏一般。接着它收回自己的一条腿、一只翅膀，又将另一对展开。在重复完相同的动作之后它再一次把头埋进翅膀里。哈哈，这只小鸟居然又准备打瞌睡了！甜美的小睡完毕了，小鸟抬起了它的头。它将自己的脚伸展得更远，开始吟唱自己的歌曲，那是每天清晨高亢嘹亮的赞美之歌。它跳下树枝，来到溪水旁饮了几口凉水，最后展翅高飞消失在了树林中。

欣赏完小鸟的起床过程，我的朋友忽然深受启发："既然小鸟用这种方式起床，或许我也可以模仿一下，这样一来说不定我也能像它一样感觉轻松和舒畅。"于是他模仿起了小鸟的起床模式，甚至还学小鸟歌唱。他发现起床时唱歌是个非常好的办法，可以让自己放松心情。

"其实我不擅长唱歌，"朋友笑着对我说，"所以每次都是安静地坐在位子上，用心默唱。绝大多数时候我凭借想象来唱圣歌或是其他欢快的曲子。有时候妻子甚至会误以为我失去了知觉。我会像小鸟一样祈祷。我开始变得喜欢食物，喜欢给自己准备一顿丰盛的早餐——熏肉加鸡蛋。我慢慢懂得享受早餐的乐趣，并以最愉悦的心情踏上一天的工作之旅。这样的开端无疑为我减去了许多的压力，让我能在后面一整天的时间里都保持这种平静轻松的状态。"

一位曾经获得过大学赛艇冠军的运动员向我描述他精明的教练。他说教练重复得最多的一句话便是："无论任何比赛，如果你想赢，就得放慢脚步。"这么说并非故弄玄虚。事实上，如果划桨速度过快则容易打乱水流的节奏，而一旦节奏被打乱，想再把它调整回去就变得非常困难，这样一来其他人就有可能轻易超过已经手忙脚乱的你。"想要快，那就慢慢地划。"这真可谓是至理名言。

划舟要慢，工作要慢，这样才能以最平稳的速度迈向胜利。对于那些深受快节奏生活影响的人们，只要做到与自然的节奏同步，将上帝放入思想和灵魂中就能缓解生理以及心理的紧张。

你有过这样的感受吗？感觉自然将一股平静的气流输入到你的肌肉与关节处。当这气流渗入到你的关节中时，疼痛的感觉就明显缓和了下来。所以当我们跟随自然的节奏而动时，肌肉的工作就会更加协调。每天都对你的肌肉、神经以及关节说："不要心怀不平。"放松地躺在沙发或是床上，想着自己身上从头到脚每块重要的肌肉，对它们说："自然将宁静赐予你们。"学着感知平静的气流在体内涌动与流走的感觉。这样的过程会让你的肌肉和关节得到足够的放松。

缓行勿急。只要不带压力和负担，人们总能得到心中想要的，走到理想的彼岸。如果你跟从自然的引导，合着他平缓而坚定的步伐却仍未能实现心中的理想，那么或许你的目标根本就不存在。如果你错过了某些东西，或许那是因为它们本不属于你。所以慢慢培养正确的生活节奏吧，让自己与自然同步。练习并努力维持内心的平静，学习与紧张说再见。在闲暇时间放下手里的一切对自己说："我要丢弃所有的紧张与兴奋——它就此离我远去，我现在重获宁静。"不要再心怀不平，不要再满腹牢骚，让平和的心情与你同在。

许多人都想拥有高效率的生活，我于是建议他们多想些让自己觉得安心的事情。每天我们都需要对自己的身体做些保护措施，比如我们每天都要洗澡、刷牙、做运动。同样的道理，我们也需要给自己的精神世界一点时间，保持自己健康的心态。静坐，在脑子里放映一连串可以抚平心绪的画面，就是一个好办法。举个例子，你可以想象眼前是片高耸入云的群山，是雾霭蒙蒙的山谷；你可以看见日光斑驳的小溪里鲑鱼在自由地游弋，还有银色的月亮倒映在水中。

每天 24 小时中至少给自己一次机会，最好是在最忙碌的那一刻，特意停下手中一切事务，就用 10 ～ 15 分钟的时间来做上面所说的事情。

有时我们会感觉自己忙得无法刹车。但是请记住想要让自己停下来，唯一办法就是暂时放下手中的一切。

一次，我应邀去一座城市进行演讲，并在火车上巧遇委员会的人。记得当时一下火车我便急匆匆地赶了两场书店签名活动。签完名，司机就开车把我送去了午餐点。用完午餐，我赶回宾馆换衣服，准备日程安排表上的一个招待会。在招待会上我见了几百来号的人物，喝了3杯果汁。开完会再次回到宾馆，立刻就有人告诉我20分钟之后必须整理妥当去参加接下来的晚宴。就当我准备换衣服时电话铃声响起，一个声音在话筒一端催促道："快点，快点，我们赶着去晚会。"

我紧张极了，含混地说了句："立刻就来。"

冲出了房间，心急如焚的我几乎无法锁门。我一边焦急地关门，一边检查自己是否穿着妥当。终于门锁上了，我飞奔地跑向电梯。但就那一刹那的时刻，我停住了自己的脚步。我质问几乎紧张得透不过气的自己："我所做的一切是为了什么？无休止的奔跑有什么意义？这简直就是荒谬。"

于是我决定甩开这些束缚，按自己的意愿行动，"我不在乎去吃什么晚餐，我不在乎自己是否要做发言。我没有必要去吃这顿饭，我没有必要非得做那个演讲"。我开始放慢自己的脚步，转身回到自己的房间，不紧不慢地开了门。我告诉楼下的人："如果你想去参加晚宴，那就去吧。如果你愿意给我留个位子，那么稍后我会出现，但是此刻，我需要休息。"

说完，我脱去了外套，坐了下来，接着又脱去鞋子，把脚搁在了桌子上，就势躺下。我自言自语："从现在开始，不再匆忙，我要放松自己。"

"我不需要吃任何东西，因为之前已经吃了太多了。而且说不定这顿晚餐的味道也不怎么样，或许在静坐之后我还可以在 8 点前赶到做我的报告。"我这样盘算着。

于是我就静静地坐在那里休息、祷告。15 分钟后起身重新走出了这间屋子,那一刻我感觉到了前所未有的平静与清爽。这样的经历一直让我难以忘怀。我能够明显感觉到自己跨越了一道坎。在那之后,所有的情绪终又回到我的掌控之中。我到了晚餐的会场,那时正好上完了第一道菜,我的全部损失只不过是一碗汤,这和我得到的相比这根本不算什么。

那一回使我亲身体验到了自然力量的伟大。我不过是让自己停下了奔跑的脚步,真诚地祈祷,自然便因此给了我想要的宁静。

在医生们看来,想要避免或是克服生理上的不安与焦躁,唯一的办法就是停止自己内心的怨恨与焦躁。这其实也是哲学理论与方法论的有机统一。

一位纽约市的荣誉市民在其家庭医生的建议下来到我这儿寻求帮助。医生当时这样对他解释:"你需要的其实不过是一种让自己平和下来的生活方式。因为你总是在不断地强迫自己,所以最后才搞得筋疲力尽。"于是找到了我的诊所,来到了教堂里。

"医生说我的问题在于自我强迫。他说我压力太大,神经过于紧张,对现实过多抱怨和不满,"病人对我说道,"他告诉我只有你能帮我,让我变得冷静和达观。"

忽然间他站起身,开始在房间里来回踱步。他问我:"到底我应该怎么做呢?想要做到平静,这说起来容易,做起来难。"

他接着激动地向我复述当初医生给他的建议,在这里头我发现了许多很好的方法，它们都可以针对性地用来解决他身上的问题。"尽管如此，我的家庭医生还是建议我来找你，"病人说，"他认为我应该到这儿来培养宗教信念，因为宗教信念可以让我恢复平静，还能帮我降低血压。如此一来，我的身体状态也会有所好转。不过，你说，像我这样一个40岁的人，整日都生活在紧张的情绪之中，怎么可能一下子就把生活的习惯都转变过来，拥有像他所说的那种冷静达观的生活态度呢？"他迷惘地问我。

这位先生所说的的确是个问题。他已经习惯了高度兴奋和紧张的生活，你看他总是会在房间里走来走去，激动时会忍不住敲桌子。他说话的声音很尖锐，激动中透着无奈。很明显他将自己最坏的一面都展现了出来，却也恰恰给了我更深层次了解、分析他的机会。

我耐心地听他讲话，仔细地观察他的表情。我明白了自己接下去该做什么。在没有任何铺垫与准备的情况下，我朗诵起了《圣经》中的内容："我留下平安给你们，我将我的平安赐给你们。我所赐的，不像世人所赐的。你们心里不要忧愁，也不要胆怯。"

我有意缓慢地朗诵这些词句，一边留意他的反应。慢慢地我发现他的面部肌肉开始放松开去，我在他脸上看到了柔和与平静的神态。我停止了朗诵,两个人都陷入了沉默，时间就那样静悄悄地走过。大约是几分钟之后，我听到了他的一声长长的呼气声。

"真的非常神奇，"他说，"我感觉自己好多了，这一切太不可思议了，这些话竟然能有如此厉害的作用。"

"不是这些话的作用，"我解释道，"尽管通过我的朗诵，你发生了改变。但其实真正帮助你的是你自己的精神力量，它才是根源所在。"

我的病人没有为我的这番话而感觉惊讶。相反，他脸上写着前所未有的虔诚："是的，他在这里，我能感觉得到。我体会到你的意思了，我明白是造物主帮助了我，是他给了我平静，给了我希望。"

信仰可以完全改变一个人的人生态度，能给一个人带来平静与安宁。力量在不经意间流入了他的身体、精神与心灵。拥有信念是对抗怨恨与不平的最好方法，可以让人们保持平和的心境，并且缓缓释放力量。

拥有健康的思想与行为模式对一个人来说非常重要。心理学家总结出许多具有心理暗示性质的语言，以帮助人们培养健康的思维方式。比如，我们会教人们做礼拜，通过礼拜来达到治疗内心疾病的目的。我于是也教他如何祈祷、如何放松，最后我们成功了，他终于恢复了健康。所以我相信，无论是谁，只要坚持每天祈祷，坚持相信信仰的力量，最终都可以恢复内心的平静，得到力量。在本书中我罗列了许多相关的方法，以让人们学会拥有信念。

为了达到控制自我情绪的目的，首先要练习的就是精神控制法。情绪控制不是魔术，也不是什么易事。人不可能仅仅只靠读书就学会这样方法，虽然读书是非常有帮助的，但我们终究还是需要依靠每天坚持不懈地练习来获得信念与创造力。

经验显示，若要练习精神控制，最好是从基本的静坐开始。不要在房间里走来走去，不要把手绞在一起，不要慌乱无章，不要愤怒和坐立不安，更不要把自己逼入无所适从的地步。人在情绪激动的情况下很容易有一些过激行为。所以从最简单的步骤开始，停止你的一切活动。安静地起身，坐下，最后躺下，将所有的声音都减小到最低程度。

人若想要让自己平静下来，必须先让思想得到沉静。身体对思想的反应是最为敏感的。无论什么念头都会直接反映在人的行为中，哪怕它们只是在脑中一闪而过。同样，如果思想想要宁静就得先让身体安静下来。所以说，行为对思想具有诱导作用。

有一回，我在委员会的会议上做演讲。其中一则小故事打动了在场一位先生的心，他牢牢记住了故事中介绍的方法，回家后照此勤加练习。一段时间后，他兴奋地告诉我从前身上的烦躁不安与愤慨统统都不见了。

故事的内容很简单，发生在一个多人的讨论会上。当时讨论的气氛非常火爆，最后甚至进入了互不妥协的胶着状态。每个人的情绪都变得异常激动，尖刻的语言攻击让某些人几近发狂。忽然间，一位男士站了起来，他脱去外套，解开衣领，自顾自地躺倒在了沙发上。在场的与会的人都惊呆了，有人关心地问他是不是病了。

"没有，"他回答说，"我没病，只是觉得自己快崩溃了。不过躺下以后就没那么难受。"

在场人都笑了。瞬间，紧张气氛就被打破了。这时"古怪"男士开始向大家解释自己的行为。原来个性急躁的他总是会在情绪爆发前不自觉地握紧拳头，提高音调。而每

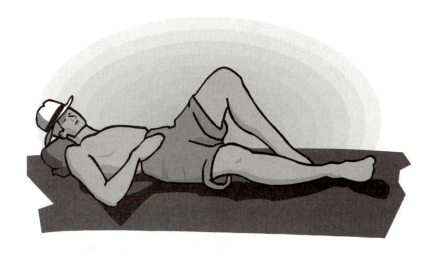

当这时他都会刻意让自己的手指松开，不再让它们拧成拳头。同时为了减缓自己的紧张愤怒情绪，他会尽量降低自己的音调，甚至是用耳语般的音量说话。"无论如何，人都不能在窃窃私语的环境下吵起架来吧。"他笑着说。

这样的处理方式的确是非常有效。许多实验也证明了此法可以帮助人们有效控制各种兴奋、狂躁与紧张的情绪。想要尝试这个方法，第一步便是要让自己的身体保持静止。行动一旦可以静止，热度就会立刻消退；情绪不再发热，暴躁与不安自然就会消失。人们会惊喜地发现在愤怒离去后，力量又重新回归到了身体里，疲惫之感也随之减轻。

练习让自己变得冷静、沉着。我们提倡缓慢的生活节奏，因为在此条件下情绪波动不会剧烈，更不会上升到崩溃的地步。高效率的人就是可以做到这一点。

人们总希望自己能够具有敏捷的行动能力，拥有感性的特质以及高度的组织领导才能。但是为了情绪上的平衡，我们必须学会冷静，这也是我们性格中阴阳协调的关键。

下面是我罗列出的六大操作技巧。我认为它们是用来对付愤怒与焦躁的最好方法。无数人在我的推荐下借助它们获得了自己想要的生活：

1. 首先第一步，采用自认为最舒适、最放松的姿势坐下，最好可以让自己躺在椅子里面。从脚趾直到头顶，保证自己身体的每一个部分都能得到充分的放松，在口中默念："我的脚趾、我的手指、我的脸……"

2. 将你的思想想象成是暴风雨来临前的湖水。风正吹着水面翻起千层浪，但是慢慢地它恢复了平静，最后不翻起一丝浪花。

3. 每天花 2 ~ 3 分钟的时间回想你曾经见到过的最美丽、最宁静的画面，比如落日西下时的山峦、清晨宁静幽深的溪谷，还有正午的森林、夜晚泛着涟漪的湖水。将自己再次置身于这些情景中。

4. 缓缓、平静且带有乐感地重复一些能够抚平人心绪的词语，例如宁静（用最平和的心境来吐字）、平静、安静。想着这一类的词语，多次地重复。

5. 自然在我们忧虑、烦躁时总会伸出他的关爱援助之手。回想生命中的这些时刻，想着你是怎样排除万难，抚平受伤的心灵的。大声朗诵圣歌中的这句话："一直以来造物主都赐给我力量，我相信他将一直这样保佑我。"

6. 重复下面的话，它会让你的思绪得到沉淀，会让你感觉无比放松："坚心依赖你的，你必保护他十分平安，因为他依靠你。"哪怕只有片刻的空闲，也请你抓住时间重复它们，并且尽可能大声朗诵出来。这样一天之内你便可以将它重复上好几遍。想象着这些字眼全都拥有生命的活力，它们能够穿越你的思想，停泊在你心灵的某个角落，成为你的治疗师。这是消除紧张情绪的最好方法。

如果你能完全依照上面所讲的内容去做，那么愤怒与焦躁的情绪定会慢慢离你远去。悲伤会被幸福的感觉所取代，力量会再次回到体内，自信的光芒也会重新闪耀。

希望是成功的种子

"为什么我的男孩做任何工作都会失败?"一位父亲为他 30 岁的儿子向我提问。

客观地分析,这位年轻人拥有非常优厚的条件:家庭背景良好,学业有成,甚至在工作过程中也是机会连连,但是每次他都以失败告终。一事无成的他几乎做什么错什么,付出了许多却没有得到相应的回报。经过一番分析,他终于找了问题的症结。针对自身情况,年轻人做了小小的调整,结果一切都变样了。他不再整日地陷落在失败的情绪包围之中,并逐渐感受到了成功的靠近。他不再是从前那个无法集中精力,无法释放力量的人了。

就在前不久的一场午宴上,我忍不住夸奖起这位充满活力的年轻人。"你太让我感到意外了,"我说道,"几年前你还做不好任何事,如今却白手起家建立起完全属于自己的企业。老板先生,向我们介绍一下是什么让你发生了如此翻天覆地的变化吧。"

"其实我也没什么秘密,"他说,"不过是开始慢慢学着去相信信念的魔力。经过那么多事情我终于发现希望是成功的种子，如果一个人能从一开始就保持希望，那么他一定会坚持自己的信念并在不断努力之后收获成功。反之，若是整日担心失败，那他最终会以失败而收场。我记得《圣经》中有这样一段话。"

"说的是什么?"

"'耶稣对他的门徒说，你若能信，在信的人，凡事都能。'我从小在一个宗教家庭里长大的，"他解释道，"虽然这样的话经常在耳边回荡，但我却从来没将它们放进心里去。直到有一天在教堂里，我听到了你的一席话，这才如梦初醒。那一刹那我明白了自己一直缺少的其实就是一份信念。没有信念的人就没有希望，也不相信自己的力量。所以在那之后，我练习了你所说的信念疗法。我强迫自己以积极的态度面对所有事情，并且坦然接受任何结果。"他笑着继续说，"我相信伟大的自然和他的力量，他在顷刻间改变了我的生活。我不再制造无谓的忧虑，我开始习惯期待最美好的结果，然后看着它们慢慢转变成为现实。这一切就像是梦幻奇迹，不是吗?"就这样他讲完了自己的故事。

我了解他口中的奇迹，这其实可以归功于一个法则的力量。值得一提的是，这个法则就像是这个世界上最有魔力的法术，可以改变人的一生。它同时被哲学和宗教认可，用最朴素的话来说就是我们要将自己的思想从消极变为积极，要学习怀揣希望而非随意怀疑未来。学会运用这个法则，你将有可能把所有的理想都变为现实。

当然了，这并不意味有了希望的人就可以得到所有想要得到的东西，或许有些东西恰恰是我们不应得的。当你将自己放到自然手中时，便是将自己的灵魂也交付给了他，你不会想要那些本不属于你的东西，也不会想着去违背自然的意愿。自然所能带给你的便是将所有的不可能变为可能。他会赋予你力量，引领你达到理想的彼岸。

威廉·詹姆斯——伟大的哲学家曾经说过："信念是理想的守护者，只有坚定的信念才可以帮助人们完成不可能完成的任务。"所以学会相信是开启成功的第一步。无论你想要做什么，信念都会陪伴你走完全部的旅程。充满希望的人总能够拥有神奇的力量，精神力量的作用会带你走入理想的画面。但是相反的，怀疑、没有信心的人就无法集中原本拥有的力量，消极的思想会将胜利的果实推向它方。所以不要怀疑信念的力量，它的力量之大会驱动你将一切梦想都化为现实。

好几年前，休·福勒顿——已故的著名体育评论家曾经报道过一件非常有趣的事。当我还是个小孩的时候，就已经非常着迷于休·福勒顿所写的体育报道了，记得里面有一则关于约什·奥莱利的故事。那时约什·奥莱利还是德克萨斯联盟圣安东尼奥俱乐部的经理人。在当时奥莱利的手下集结着了一大群非常优秀的球员，其中有 7 名球员有过 300 次的打击记录，在旁人看来这是一支所向披靡的梦之队，但是就是这样的一个球队也走进了他们的低迷期。在首轮的 20 场比赛中他们就输了 17 场，队员们无法击中任何目标，每个人都觉得其他人是队里的"倒霉鬼"。

在与达拉斯俱乐部的一场比赛里，圣安东尼奥队的球员只击中了一个球，最为诡异的是，这个球居然还是投手打中的。就在这一场比赛里，奥莱利领导的这支队伍被人狠狠地"揍"了一顿。比赛结束之后，大家都回到了休息室里，每个人的脸上写满了失败的沮丧，但奥莱利知道他拥有的球员是最优秀的，他们之所以不能发挥正常实力是因为他们的思想出了问题。队员们想的不再是击球和赢得比赛，他们满脑子想的都是失败。他们一味地担心失败却忘记了去想象胜利的喜悦，他们怀疑自己的能力并最终将这种情绪和思想带到了比赛中去。消极的念头束缚了他们的手脚，冰冻了他们的肌肉，减慢了他们的速度，更重要的是队友之间失去了精神力量的传递和感应。

这时恰巧当时有位名叫施赖德的牧师在附近传教，听说在当地颇受欢迎。他是一个信念治疗师，帮助许多人取得了惊人的成绩。人们总是围在他的周围听他讲话，每个人都非常信任他，大家都相信他有神奇的力量来帮助人们达成心愿。

于是奥莱利让每个球员都借给他两只棒球，并嘱咐队员们待在俱乐部里直到他回来。奥莱利将这些棒球统统放进了手推车里然后走出了房间。大约一个小时之后，他兴高采烈地回来了。他告诉球员们，那个有名的牧师——施赖德为他们的球棒做了祈祷，所以现在这些棒球里凝聚了他的力量，可以帮助队员克服一切困难。所有的队员们都欢呼起来，每个人的脸上都绽放出了久违的笑容。

在第二天的比赛里，果不出所料，他们以压倒性的胜利击败了达拉斯队，拿到了 37 次击球和 20 个得分，再一次将他们推上了冠军的宝座。许多年后，奥莱利说只要是西南区的棒球运动员都愿意出高价来买一只"施赖

德祝福过的棒球"。

撇开施赖德的个人力量不说，就本质上来看，真正让这一切发生变化的其实是棒球手自己的思想意识，这才是最大的财富所在。是思维模式的改变让球队的水平得到了发挥，队员们不再怀疑自己的能量，相反的，他们开始期待胜利的到来。希望胜利而不是失败，队员们开始想着如何能击到球，如何得分，如何拿到最终的胜利。力量的复苏让他们把冠军变成现实。运动员没有变，他们依然是从前那个样子，但是我很清楚，他们已经与过去的思想说再见。新的他们知道怎么可以打到球，拿到分，知道怎么可以夺取比赛的胜利。在全新的思想武装之下，这些球员终于明白了信念的力量，发挥出了自己的实力。

或许你正在人生的球场上失意，或许你正握着球棍却不能击中任何目标，用尽了全力却一次又一次地失败，你正在感叹自己是多么差劲。不要紧，让我来给你一个建议，我向你保证它一定会给你带去希望。很多人都因为它而成功了,所以不要怀疑它对你的作用。如果你愿意做一次尝试,一定会为之后的改变而惊喜不已。

从阅读《圣经·新约》开始,注意里面提到的有关信念的部分。从中选出十几句你最喜欢的句子,最好能带有强烈的感情色彩,让你能够明显体会到信念的力量,将这些句子灌输到你的脑子里。让这些概念深入到你的意识中去,将它们重复多遍,特别是在晚上临睡前。如此之后,你便能慢慢地感觉到信念正在缓缓地渗入到你的潜意识中,届时,它将会改变你的思维方式,你将会变成为一个坚实的信仰者,一位充满希望的人。当你真的成了一个拥有信念的人,成功也将随之而来。你能感受到上帝赐予你的全新的力量,你将能重塑理想的生活。

《圣经》教导我们如何利用精神力量,这也是世间最强大的一种力量。《圣经》不断强调信念,强调人们可以得偿所愿。信仰、信念以及积极的思考方式还有对其他人的信任,相信自己,相信生活,这一切都是我们需要努力做到的。相信信念,它会带你翻山越岭,它会将一切美好带回家。

那些没有勇气尝试这种神奇方法的人是不能体会其中的奥妙的。他们只会怀疑,怀疑他们听到的奇迹,怀疑我所说的方法。

期待美好结局的人总能得到更好的结果,这是因为他们不再将自己耗费在没有意义的自我怀疑上。当一个人把全部身心都投入到所想的事业中去时他就会所向披靡,因为他将全部的精力都用在了解决问题上。问题可以被人各个击破，因为问题不是完整的统一体，而人则整合了智慧和力量。当问题摆在人的面前时自然会变得不堪一击。

一个人如果聚集了所有的力量，这其中包括物理、精神以及思想的力量时，便会变得异常的强大。力量的凝聚可以让人无坚不摧。

我们要做到充满希望，这是说需要将心（也可以是指人的全部思想）完全沉浸到你需要为之奋斗的事业中去。被生活击败的人并不是因为没有能力，而是因为他们缺少全心全意的精神。他们不曾用整颗心去期待成功。没有用心的人是不会全副武装奋力一搏的。成功不喜欢这样的人，它们不会眷顾那些不曾将心奉献出来的人。

想要拥有幸福的生活，那么就要学会培养强烈的愿望。愿望就像是兴奋剂，它释放你的全部能量，并把你整个扔到所要追求的事业和工作中去。换句话说，无论做什么，请倾尽你所有，不留一丝余地。生活不会拒绝一个将一切都付给了它的人。可惜的是，很多朋友都不明白其中的道理，而能真正做到这一点的人则更少。所以在这纷繁的世界里总是弥漫着一股失败的味道，即使没有失败，我们通常也只能享受一半的成功。

著名的加拿大教练员爱丝·珀西瓦尔曾经形容过许多人，无论是运动员还是平常人，都是"保留者"，会为自己留下余地。他们并不将自己100%地投入到比赛中去，所以结果也从未能发挥出自己的最高水平。

著名棒球赛评述员巴伯曾经和我说过他很少见到那种能够将自己的力量发挥到极致的运动员。

　　我们不应该成为"保留者"，而应全力以赴达成自己的目标，生活不会辜负这样的人。

　　知名的高空秋千表演者曾经给他的学生上过一堂关于如何表演高空秋千的课。在介绍和解释完所有的技巧之后，他告诉学生最重要的一点就是相信自己的能力。

　　于是他领着学生们来到了表演的高台下。高台表演充满了危险性，这点大家都明白。当人真正站在表演台下往上看时更会免不了产生畏惧心理。有位学生被吓倒了，他整个人都僵住了，想象着自己从上面摔下来的样子，他竟然一步都不能动，整个人都深深地陷入了恐惧之中。"我不可能做得到，我怎么可能做得到！"他大口喘着气说道。

　　这时老师来到了他的身边，将手放到他的肩膀上说道："孩子，你可以做到的，我告诉你怎么做。"这位伟大的表演家说了一句话，一句时至今日在我看来依然是最最具有哲理的话。他说："将你的心先抛过去，身体自然就会跟上来。"

　　记住这句话，将它写在卡片上放进口袋里，将它压在你的玻璃台板下，或是钉到墙上，又或是粘到你的刮脸镜上。更重要的是，如果你希望自己能够成为一个有所建树的人，那么就将它牢牢记进脑子里。"将你的心先抛过去，你的身体自然会跟上来。"记住它，它是你力量的源泉。

　　心态如何会直接影响我们的创造力。点燃内心的希望，那么它将载着你驶向理想的彼岸。一直以来我们都无法对自己的内心说不，所以一旦潜意识里有了某个愿望，人就会不遗余力去完成它，这就是所谓的身随心动。"将你的心先抛过去"意思是说用你的信念跨过困难，用你的决心跃过障碍，只要你能带着自己的梦想航行，就一定能穿越一切艰险。它告诉我们只要在精神上克服了困难，那么我们的身体也就会跟着前进，我们会在信念的带领下穿过重重障碍，最后走向胜利的巅峰。只要我们想象着胜利而不是失败，就会取得心中所想。心会带着我们走向最后的结果，无论是好是坏，是强是弱，它都是唯一的引领者。爱默生说过："心所想则得其想。"

有个例子是这句哲理最好的解释，事情发生在好几年前，与我遇见的一位年轻女子有关。当时她与我约好下午两点在办公室里见面，可因为当天事务繁忙，我无法在预约的时间到达，结果当我走进办公室时已经是两点零五分了，也就是说我迟到了 5 分钟。女士有些生气，我从她紧抿的嘴唇上读到了一种不快。

"现在已经是两点零 5 分了，我们约好的时间是两点整，"她说道，"我只欣赏那些惜时守时的人。"

"我也是，我喜欢遵守时间的人，也要求自己遵守时间规定，但请你原谅我，今天的迟到实在是情非得已。"我微笑着说。

尽管如此，女士还是一脸不悦，她干脆地对我说："我有个重要的问题需要你的帮助，我要听你的意见，开门见山地说吧，我想要结婚。"

"可以啊，"我回答道，"这是一个再正常不过的要求，很高兴我可以帮你。"

"我想知道自己为什么总是无法找到合适的结婚对象，"她继续说，"每当我开始与一位男士发展一段感情，不久之后就能明显感觉到对方在渐渐疏远我，最后的结果也是不了了之。"她很坦白地对我说："我不可能一直都保持年轻，所以我来找你，向你寻求帮助。你的诊所研究各种个人问题，所以我想你应该对此很有经验。我把我的问题交给你了，告诉我，为什么我总是失败，怎么样我才能得到婚姻?"

因为婚姻问题涉及许多私密性内容，所以我需要对方做到开诚布公，只有这样才能敞开心扉将所有的情况都说明白。很幸运，女士是个直爽的人，所以我想自己应该可以帮助她。如果她解决问题的心是真诚迫切的，那么我开的"药方"就足以使她药到病除。我对她说："好了，现在让我们开始分析你的情况，显然你的精神状态良好而且个性健康，我想可以这么说，你是一位非常漂亮的女士。"

这些都是事实，我的恭维其实都是从她本身具有的优点出发，但话锋一转我又说道："不过我也看到了你的问题。你看，当我迟到了 5 分钟你就对我大加责难，你对我的行为表现出了极大的不满，你曾经也对其他人表露过这种态度吗? 我想任何想做你丈夫的人都无法忍受你这种习惯性的挑剔的态度。事实上，你的行为就像是在控制一个人，哪怕有人和你结婚了，你们的婚姻生活也会因此而蒙上阴影。爱是不能在掌控下生存的。"

"你看你总是紧闭着嘴唇，这就是暗示了一种控制欲。就大部分的男人来说，我可以这样告诉你，是非常不愿意被控制的，至少当他意识到这一点的话，他会表现得非常反感。我想如果你能改掉脸上这些过于严肃的线条的话，将会是一个非常有吸引力的人。你需要的不过是让自己缓和一点，放松一点，这些线条正因为你的紧张而过于紧绷。"我这时注意到了她的裙子，明显价格不菲，可却没能搭配得恰到好处，于是我对她说："这个或许有点超出我的职业范畴，不过希望你不要介意我这样说，我想你可以调整一下裙子的穿法，这样效果会更好。"我知道自己提出的建议有点尴尬，但显然她明白了我的意思，甚至忍不住笑出了声。

她笑着说："你果然是不太懂得含蓄的表达方式，不过我知道你的意思。"

听了她的话我继续建议道："我想你可以把头发弄得集中一点，现在这个样子太过于蓬松了。你还可以再往身上抹点香水，当然只要一点点就够了。不过最重要的一点还是你要改变自己的态度，这样才能让紧绷的脸松下来，让人感觉一种神秘的快乐之感。做到了以上这几点，我敢肯定你一定会变得非常迷人和可爱的。"

"哇哦，"她忍不住叫道，"我从来没想到可以在一位牧师那儿得到这样的建议。"

"是的，"我笑着说，"我也没想到。不过毕竟现在我们需要解决的是人们来自各方面的问题。"

我还告诉她，有一位在俄亥俄卫斯里昂大学工作的老教授沃克曾经对我说过这样一番话："上帝开着一家美容院。"他是这样解释的，有许多女孩在刚进大学的时候非常美丽动人，但是当30年后重回校园的时候你会发现她们不再美丽。年轻时如月亮与玫瑰般的可爱不再写在脸上。相反的，从前平凡没有任何耀眼之处的女孩却在30年后出落成美丽的妇人。"是什么造就了这一切？"他自问自答地说道，"因为后者的美丽是由内心写在脸上，是心灵为她们做了美容。"

在听完我的故事之后，女士沉思了片刻，几分钟后她对我说："你的话的确很有道理，我会去尝试的。"

回去之后，她真的照做了，并且带着她的成果出现在了我的面前。

那是几年之后的一天，我已经忘记了这位曾经出现过的女士。在讲演过后，一位非常美丽的女士带着她的英俊丈夫以及10岁大的男孩来到我面前。女士笑着对我说："你觉得我穿得怎么样？"

"我觉得什么怎么样？"我迷茫地问道。

"我的裙子啊，"她回答说，"你觉得它好看吗？"

不知所措的我回答："是的，我觉得非常漂亮，但请问为什么你要这样问？"

"你不记得我了吗？"女士问我。

"我一生遇到过太多的人，老实说，我真的忘记了是在哪里遇见过你。"

然后她帮我回忆起了若干年前的那次对话。

"这是我的先生和孩子。你告诉我的方法非常有用。"她激动地说，"在遇到你之前我沮丧、悲伤，为自己的将来深感忧虑，但在见了你之后，我听从了你的建议。看，我做到了，它们完全改变了我。"

这时她的丈夫对我说："这个世界上没有人比我的玛丽更加美丽可爱。"我也得承认她的确看起来非常动人。

她的性格从尖刻变得温和，女性的柔美完全体现在了她的身上，不仅如此她还得到了想要的生活，正是性格的改变推动着她争取到了想要的东西。她心中想着要改变自己，然后就做到了。她懂得通过意念来控制自己的行为，她动用了精神力量。她拥有简单而坚实的信念，是信念不停地在耳边指导她应该如何去做，如何创造自己的奇迹。

所以一切的秘密都只在于要明白自己想要得到什么。我们需要检查自己想要得到的东西是否合理，需要调整自己的状态让一切看起来水到渠成。我们需要信念的支持，信念给我们提供源源不断的活力，它激发一切有利因素，帮助我们梦想成真。

就连生活在新时代里的拥有先进思想的学生也开始越来越多地意识到信念的力量。他们相信这其中蕴涵的实际价值。真理就像这句格言所说："照着你们的信念给你们成全了吧。"由着你心中的信念，由着你工作中的信念，由着你对人生的信念，所有的梦想都将不再遥远。如果你相信自己的工作，相信自己，相信这个国家的勃勃生机，并且努力地工作和学习，将自己全身心地奉献其中，换一种说法就是，你"将心抛过去"，那么你将会跃过生命的任何坎坷，完成所有任务，实现全部理想。无论在你面前的横梁有多高，无论人生的困难有多大，只要停下来，闭上眼睛，想象所有的一切都在这横梁之下，没有什么比它更高。然后，想着将自己的心"扔"过这根梁，感觉自己正被一种无名的力量牵引并且跃过了它，相信这股力量正带着你不断上升。如果你在心灵深处想象美好的结局，那么信念就会为你带去力气和能量，它会为你呈现最美好的结果。

如果一个人想要感受完美，那么他首先就要清楚自己的生活方向。只有明白了想要走的方向，人才可以达到目标，才可能将梦想变为现实，才可能走到想要去的地方。希望必须是一个明确的目标，之所以有许多人终日碌碌无为，正是因为他们不知道自己到底想往哪里去，不清楚自己的目的地到底在哪。人不可能在没有目标的情况下给自己许下美好愿望。

一位 26 岁的年轻人找我寻求帮助。他对自己的工作非常不满意，想要填补生活的缺憾，想要改善周围的环境。他说话时的神态慷慨而又激昂。

"那么，你想去哪里呢？"我问道。

"我也不太清楚。"他有些犹豫，"我从来没有仔细思考过这个问题。我只是知道我愿意去这世界的任何一个地方，我不想继续待在这里。"

"你最擅长的是什么？你的优势在哪里？"我继续提问。

"我不知道，"他回答，"我也从来没想过这个。"

"那么如果给你一个机会，你最想做的是什么？你内心深处的理想是什么？"

"我不知道该怎么说，"他的话语含糊不清，"我不确信自己喜欢做什么，好像感觉对都什么都没有特别的兴趣。我想我的确应该好好想想自己喜欢什么了。"

"好了，总结一下你的情况，"我说道，"你只是想离开现在所在的地方，但是却不知道自己想去哪里。你不知道自己能做什么或者是喜欢做什么。可是如果你想重新开启生活，就必须将这些不确定的东西都考虑清楚，你需要好好整理一下自己的思路。"

这也是许多年轻人失败的原因。他们终日无所事事是因为脑中只有一些模糊的概念，他们愿意去任何地方，愿意做任何事，就是没有一点实际的想法和计划。其实没有起点就意味着没有终点。

我对年轻人的情况做了一番彻底分析，并且测试了他的行动能力，我在他身上找到了许多他自己都没有发现的特质。但这还远远不够，他还需要一个能够不断推动他进行的动力，于是我教他如何培养信念。如今他正在一步步走向成功。

现在，年轻人有了自己的奋斗目标，找到了自己的努力方向。他体会到了希望的力量，开始期待理想变成现实的那一天，再也没有任何事可以阻挡他了。

我曾经向一位出色的新闻编辑问过这样一个问题："你是如何走到今天并且成为这样一份高层次杂志的主编的？"

精力充沛的编辑告诉我："我希望自己能成为它的主编，于是就做到了。"他的回答非常简单。

"这就是你的答案？"我问，"你以它为目标，然后就做到了？"

"嗯，可能这算不上全部答案，但至少是起了很大一部分作用，"他解释道，"在我看来，人如果想要成功就需要明确自己的目标，就要知道自己想去哪里该去哪里，或者说是要弄清楚自己想要得到什么。确定自己的目标是合理的，然后将它变成影像存到脑子里。勤奋地工作，相信自己的理想，希望就会释放出巨大的能量引导你一步一步走向成功。这就像是一种惯性作用。"他继续说，"如果你的需要合理，如果你想把梦想变为现实，那么就应该牢牢地将脑中的图片定格住。"

　　这位主编一边说，一边从皮夹里拿出一张破旧不堪的纸片："我每天都会重复这纸上写的话，它是我全部思想的支柱。"

　　我抄下了这段话，并把它放到这里供大家一起学习："一个人需要独立慎行，需要拥有积极乐观的人生态度，要相信胜利终会向他走来。这样的人可以集中全宇宙的力量。"

　　一个人如果拥有积极独立的性格和乐观开朗的心态，那么他就像是拥有了一块能够吸引成功的磁石，这样的人懂得激发能量去争取胜利的果实。所以无论何时都请满怀希望，不要想着不好的结果。人需要不断摒除这些杂念，因为大脑是任何思想的温床，所以我们只能用希望填满自己的思想空间。让希望在你的思想中生根发芽，让它们变得越来越密集，让它们都幻化成美丽的景象，让信念把它们紧紧地包裹。如果你能把握好手中所有的一切有利条件，积极期待美好的结果，让精神力量转化成为现实动力，那么信念就一定会指引你走向辉煌。

　　或许此时你正处于人生的低谷，或许你认为自己已经穷途末路，或许你觉得现在的一切对你已经没有任何意义了，但我想告诉你，你想错了。无论你是否进入了人生最黑暗的时期，希望总是静静地埋伏在你身边。你所要做的只是将它们找出来，释放它们，梦想便会幻化成现实。实现理想的过程需要拿出我们足够的勇气，动用性格力量，更重要的是它依赖于我们的信念。培养了信念，你就自然拥有了解决一切问题的力量。

　　一位女士为生活所迫而接受了一份推销员的工作，在此之前她从未接受过相关专业培训。当时她需要挨家挨户地推销介绍自己的产品——真空吸尘器。她对自己的这份工作非常没有信心，根本不相信自己可以把活干好，她一心只想着自己会失败。她害怕上门推销，甚至是顾客主动要求了解产品的时候她也会感觉非常不安，她总觉得自己不可能做成任何生意。果不出所料，她什么都没卖出去。

有一天，她照例上门推销产品，不过那一次她遇到了一位非常善解人意的妇人。在交谈过程中，推销员把自己的失败和无助都倾诉了出来。妇人静静地听着，待她说完后缓缓地开口道："如果你满脑子想的都是失败，那就一定会失败，但是如果你想着成功，我可以向你保证你一定会取得胜利。"她继续说，"我这里一个方法，相信它会对你有用，它会改变你的思维模式，让你重新找回自信，它会带你完成所有任务。在每次敲门前都将这个方法重复一次，将它铭记心中，接下来就等待奇迹的发生吧。我要告诉你的是这样一句话：'我的心中充满信念，谁能抵挡我呢？'换个个性一点的说法就是：'如果我能战胜自己，有什么困难不能克服呢？'如果我相信自己能成功，我就一定能将吸尘器推销出去。我坚信你若能按这个方法去做就一定能得到力量。"

女士回到了自己家里，开始练习起这个方法。她在每次登门前都会告诉自己一定会成功，她开始变得坚定、积极和乐观，与过去相比简直判若两人。作为推销员的她开始拥有了勇气与信念。更重要的是，她有了强烈的自信心。如今她会说："是希望在帮我推销吸尘器。"既然这是上帝的意思，还会有人会拒绝吗？

以上所介绍的方法可谓是久经考验，上面所讲的例子也向我们证明了希望是成功的推进器。人们所期待的就是他们所想要得到的。心之所念会激发环境中的一切有利因素来帮助人们达成心愿。心诚则灵讲的就是这一点，除非全心全意，否则愿望会离你远去。"用尽你全部的心"——这就是秘密所在。它意味着只要我们能够调动所有潜在力量，只要我们勇敢地向理想的目的地进发，就一定会满载而归。

在这里，我要告诉你们一组4个词语构成的伟大定理——信念、力量、奋斗与奇迹。在这4个词语里面蕴藏了无穷的动力和创造力，所以将它们记进意识里，让这些词语沉入到潜意识之中，它们会帮助你克服所有困难。将它们保存于思想中，在心中说上千遍万遍，直到你的思想完全接受了它们，直到你彻底相信了它们——信念、力量、奋斗与奇迹。

我一直都对这个定理深信不疑，因为有那么多人在它的帮助下获得了成功，信念的力量无边无际。

只要你拥有信念，就可以跨越任何障碍，就可以完成所有艰巨的任务。可是人又该如何激发信念的力量呢？答案是：用信念、力量、奋斗、奇迹、这些伟大词汇来充实你的思想。如果你每天都能在心中默念这些伟大的词汇，那么这些神奇的词语就会重新塑造你的人格，在你身上，在你的生活里就会有奇迹发生。

《圣经》中有这样一段话："无论何人对这座山（代指特定的事物）说，你挪开此地（意为躲开），投在海里（是指消失在视线之外——任何扔进海里的东西都会永远离你而

去，泰坦尼克就是如此沉入了海底，从此永不见天日。将所有与你对立的东西都唤为'山'，把它们扔进这片海里)。"

时间之轮一圈一圈碾过，无论人类知识发展到何种程度，科学进步何种境地，《圣经》中所说的信念会为人类带来奇迹的话都不会过时。

可惜的是，终究还是有许多人无法体验这种伟大的奇迹，因为他们不懂得如何凝聚信念的力量。我们不应该在一时间奢望能够解决所有问题，因为这会分散我们的精力。正确的做法是逐个击破，选择一个目标作为切入口，要记住人不可以操之过急，问题应该一个一个地去解决。如果你的心中有了目标，该怎样去实现它呢？首先第一步，问问自己："这是我应该得到的吗？"用最真诚的祈祷来聆听心灵的回答。如果你听到了那个肯定的声音，就不要羞于说出自己的希望。不要怀疑你的心，不过一次只能许一个愿望，不能太贪心。

《圣经》中的这个法则曾经深深地震撼过我，我在一位朋友的身上看到了它的作用。那是一位来自中西部的商人，一个身材高大、性格外向、对人友善而又非常可爱的绅士，一位忠实的基督教徒。他在自己所在的州内开办了一个最大的《圣经》讲堂，在那个小镇上，他被人称为"领导人"。他开办企业，召集了近 4 万多名员工。

在他的办公桌上堆满了各类宗教书籍，这其中甚至还有我写的布道书和小册子。他的企业已经晋升全美最大工厂之列。在那里人们制造电冰箱，并将产品销售到各地。

我的朋友将灵魂完全献给了人类，他拥有强大的信念力量。他能时刻感觉信念的存在，伟大的信念就在那间办公间里陪伴着他。

他这样说："树立起强大的信念——不要向里面兑水，因为这样会冲淡它的力量。不要认为信念是不科学的理论。身为一位技术专家，"他解释道，"我每天都在自己的工作中应用科学，但同样每天我都会阅读《圣经》，它也会为我所用。"

当他被企业任命为总经理的时候，有人在镇子里传出这样的话："现在 ×× 先生成了总经理，我们都得带着《圣经》去上班了。"几天后，我的朋友将流言散布者叫到了办公室，他问对方："有人说你们几个在镇上到处宣扬我已经成为总经理，所以要求员工以后都要带着《圣经》来上班，是这样的吗？"

"我们不是这个意思。"制造谣言者尴尬地辩解道。

"其实这并不是一个坏主意，你们知道我信仰上帝，可我却不想你们用这种方式来集结信徒。我们需要用心与灵魂来带领大家一起走向希望的彼岸。若你们在心中都拥有虔诚的希望与信仰，相信我，我们都会成功。"

忽然间，他对我问道："你曾经被自己的脚趾困扰过吗？"

我对这样的问题感到非常吃惊，在我开口回答前他又继续说了下去："我就有一个有问题的脚趾，为了它我找遍了镇上的所有医生。那些优秀的医生无一例外地告诉我，他们没有发现我的脚趾有任何问题。但是他们错了，我的指头确实受伤了。所以我自己买了一本解剖学的书来看，结果惊奇地发现其实脚趾的构造很简单，它们无非是几块肌肉和韧带再加上一个骨架结构的整合体，就好像随便谁只要懂点这方面的知识就能把它们拼接起来。但是我找不到这样的人，没有人可以帮到我，脚趾上传来的痛楚时时刻刻侵袭着我。于是有一天，我坐了下来，看着我的脚趾说道：'造物主，我将这个脚趾送还给你，是你创造了它。你看我是个冰箱制造商，在制造冰箱时我明白其中的所有原理，当我们出售它时也保证了今后的客户服务。如果顾客的冰箱坏了，如果代理商无法修补它，我们就会把它带回厂里，修理好它，因为我们知道怎么做，'所以我说：'造物主，你制造了这个指头，你是它的制造商，是它的代理人，是它的医生，你应该知道什么时候它才算正常。所以如果你不介意的话，伟大的造物主，我希望你能尽快帮我修补好它，因为它已经折磨了我很久了。'"

"接下来怎么样了？"我问道。

"好了，一切都好了。"他回答说。

或许这样的故事看起来有点滑稽，因为当他这样说的时候我笑了，但同时我也被深深地打动了，我看到了这个朋友脸上的表情，那上面满是祈祷的虔诚。

　　向造物主许一个真实而又具体的愿望，像小孩一样，不要怀疑，他会给你本属于你的东西。怀疑会堵塞力量的涌动，但是信念却会将它打开。信念的力量之伟大，是因为他会帮你完成一切。信念会在我们身边，会通过我们的意志将力量传递到我们的身上。

　　所以将这些话在你的舌间反复吟诵。将它们说上一遍又一遍，直到它们深深地刻进你的思想里，直到它们进入你的内心世界，直到它们成为你精神意识中不可分割的一部分："我实在告诉你们，无论何人对这座山说，你挪开此地投在海里。他心里若不疑惑，只信他所说的必成，就必给他成了。"

　　几个月前，我将这番话说给了一位老朋友听。这位老友整日都在为自己作最坏的打算，从我们开始交谈的那刻起，他几乎没有停下过自己对未来的惶恐。他将所有的事情和问题都看得极其悲观，并对我在这章中所讲述的法则表现出了强烈的怀疑。为了证明我所说的一切都是错的，他决定亲身做一次试验。这是一位非常诚实的人，为了试验，他很用心地练习我的方法，还将结果详细地记录了下来。就这样坚持了 6 个月，他将最后的结果自动交给了我，事实证明有 85% 的事情在最后都得到了满意的结果。

　　"我现在相信了，"他说，"虽然之前我对此不屑一顾，但事实证明，如果你期待美好的事情发生，就会有一股奇特的力量从体内散发出来，它会推着你走向心中的那个目标。从现在起，我学着改变自己的思维模式，我开始相信希望，不再为将来惶恐不安。我的试验证明了这不仅仅只是个理论，更是一种科学的生活方式。"

在这里我还想指出的是，怀抱希望的技巧就像任何一门艺术一样，需要人们的不断练习。如果那位朋友懂得信念的技巧，那他将会取得更大的成功。其实这与练习乐器或是高尔夫是同一个道理。没有人天生就拥有这种技巧，我们需要做的是不断地练习，用脑和心去体会。同样的，我的朋友在当初是抱着怀疑的态度来进行实验的，如果他能完全相信这一切，成绩自然会更好。

人们每天都会遇到各式各样的问题，我的建议是在心中铭记这句话："我相信信念给我力量，助我得偿所愿。"

不要去想失败或其他任何糟糕的东西，我们必须将它们驱赶出意识之外。每天将这句话重复10遍："我相信希望与美好，它们会来到我身边。"

待到那时你将会发现自己的思想正逐渐变得明朗，事情正向着你所希望的方向进发。你将会集中所有的力量来达成心愿，美好的一切都会展现在你面前。

永不言败

　　如果你脑子里还有"失败"这个词语，那我得奉劝你赶快把它从你的思想中剔除——将失败考虑得越多就越可能失败。所以，请告诉你自己：我一定会成功！

　　我想在此同读者分享几个人成功人士的经历，他们都秉持这种坚信成功的哲学，并且成功地借此取得了杰出的成就；同时，我还想介绍一些关于如何有效地运用这种哲学的方法和规则。如果你能认真地阅读故事主人公的这些经历，并同他们一样坚信成功，乐观地思考，那么你就一定能做到扭转乾坤。

　　我希望你不是那类我即将提到的"困难人"。这类人无论面对何种方案都会立刻想到与之有关，或是可能存在的障碍和困难。但是即使像这样悲观的人也会改变，也会受到积极的哲学思想的感染。那么到底是怎么回事呢，请看下面这个故事。

　　"困难人"所在公司的总裁提出了一个项目设计构想。但是由于该项目需要投入的资金量巨大，所以在拥有成功希望的同时也具有一定的风险。在参加项目风险的讨论会议时,"困难人"总是以一种智者的口吻提醒大家:"别着急,得先把困难考虑清楚!"(当然这也可能只是为了掩盖他内心的不确定。)

除了"困难人",出席讨论的还有另一位权威人士。此位人物平素不喜多言,却拥有过人的能力和成就,在同行中以意志坚定著称。针对"困难人"的话,他大声地回应道:"为什么你总要强调项目中可能存在的困难而看不到这里面蕴藏着的机会呢?"

"困难人"反驳说:"聪明的人就应该面对现实,我们大家也都看到了在这个项目上的确存在一些困难。除了正视这些困难,难道你还有其他更好的办法吗?"

"其他办法?呵呵,不好意思,我只懂得解决困难,而不知道寻找所谓的其他办法。"

"说得容易。""困难人"怀疑地问,"你总说自己会解决困难,那请你说说自己有什么我们大家都不知道的解决办法。"

那位先生笑了,他对"困难人"说道:"孩子,我一辈子都在和困难作斗争,只要有足够的信心和勇气,并积极努力,就没有什么解决不了的困难。既然你想知道我的办法,那么首先得给你看一样东西。"说完他伸手从口袋里掏出钱包,只见钱包透明的云母窗口下压着一张有字的卡片。他把钱包放在桌上然后滑给了对方,说道:"孩子,看看这张卡片吧,这就是我的秘诀。不要再告诉我说这个没用,那个不行了。凭我的经历,我相信这个绝不会错。"

"困难人"拿起钱包，带着惊奇的表情默念卡片上的话。

"大声读出来吧！"钱包的主人要求道。

"困难人"迟疑地念出了这段话："凭借增强我力量的信念，我无所不能。"

钱包的主人把钱包放回口袋，向大家解释说："在过去的几十年里我遇到了无数的困难，但就是凭借这句话的力量，我将它们一一克服了。"他的自信让在座的每一位都深受震撼。大家都相信他所说的一切，因为他的确是一个面对任何风浪都不曾低头的人。他是大家眼中的强者，更是一位真挚的朋友。于是在他的感化之下，所有人都不再悲观，项目也正式投入了运营。困难和风险自然不可避免，但是大家还是咬牙挺到了最后，于是成功和胜利不期而至。

分析钱包主人的成功秘诀，其实就是一个关于如何解决困难的真理：困难并不可怕，可怕的是你自己。

所以当遭遇困难时，首先要勇敢地面对它，不要抱怨，不要牢骚满腹。把时间用在思考解决问题的办法上，不要轻易地被困难吓倒。困难没什么大不了的，你要做的就是面对它并设法解决它。当你真正面对它们时，会发现其实解决困难并没有你想的那么难。

一个英国的朋友送过我一本温斯顿·丘吉尔所著的《格言与沉思》。在这本书中丘吉尔讲述了英国将军都铎的故事。第一次世界大战中，都铎将军指挥英国第五军的一个师抵挡住了德国军队在 1918 年 3 月的进攻。当时形势非常严峻，都铎将军却十分冷静，面对这种强大得几乎不可克服的困难，他的方法非常简单：他将自己化身为一块面对汹涌波涛的岩石，让所有的困难都在自己身上撞得粉身碎骨。

丘吉尔曾经这样评价都铎将军：在我的心目中，他就像一枚深深扎入冻土的铁钉，坚忍不拔。你瞧，这言语中都透露着坚毅与刚强的力量。

都铎将军是位勇者。在遭遇困难时，他的应对之道首先就是决不屈服。人们只有在勇敢地直面困难，积极思考解决问题的办法的情况下才能克服困难。所谓狭路相逢勇者胜，不是你战胜困难，就是困难挫垮你。

想要做到这一点，你就得拥有信念，相信你自己。信念是人类最宝贵的品质之一。拥有信念足以让你成为一个直面困难的勇士。

遵循钱包主人的秘诀，你将会拥有强大的信念力量。届时你会发现一个崭新的自我。你将拥有更多的力量来完成许多从前不可能完成的任务。在告别了消极悲观之后，生活会充满阳光与欢笑。你将获得种种克服困难的神奇能力。到时，无论身处何种境地，你都会坚信：我一定会成功！

这里的另一则故事来自于冈萨雷斯。几年前，一场险恶的比赛让他一举荣登全国网球冠军的宝座。但在一夜成名之前，他也有曾因为潮湿天气的影响而未能在锦标赛里发挥正常水平的经历。《都市报》体育记者这样分析冈萨雷斯的比赛：技术上存在的缺陷丝毫不曾影响他成长成为一名杰出的赛场选手。他的发球凶猛无比，球路变幻莫测。但如果要说什么才是冈萨雷斯真正的取胜关键，那无疑应该归功于他充沛的体力和永不言败的精神。

有关冠军的报道铺天盖地，但在我看来最精辟的评论莫过于下面这句:"他的气势压倒一切。"

事实的确如此,无论比赛的情况有多不利,冈萨雷斯的意志都不会有一丝动摇。他不会失望,不会沮丧,不会悲观,他一直都带着必胜的信念来完成每一个动作。所以说,是坚强的意志造就了一名冠军。他懂得如何面对困境,如何坚强地与之斗争,直到最后战胜它们。

信念带来力量! 它让人们在困境中勇敢向前。逆流而上远比顺水而下困难得多,所以与顺境相比,能够在逆境中保持斗志的人就显得不那么简单。想要成功,那么告诉你一个秘诀:永远不要为困难所吓倒。

或许你会抱怨:"你不明白我的处境。我现在的情况要比任何人都来得糟糕,几乎没有人跌得像我一样惨痛。"

我想说的是,如果事实真是如此,那得恭喜你。你已经一无所有了,还有什么值得担心的呢? 在这种情况下你唯一能有的选择便是勇敢地面对,拿出勇气积极行动,因为你所迈出的每一步都将是一个前进的脚印。所以说这个世界上并不存在所谓的万劫不复,问题在于你的心是否还抱有希望。或许此刻你的处境艰难无比,但我依然不希望你将自己看成为是全天下最可怜的人。客观地说,人总有夸大问题的本性。

人生短暂,匆匆数十年,所谓的烦恼也不过是每个人都要经历和体会的过程。若是能俯瞰人生,你会发现每个人的烦恼其实大同小异,不同的是,有人坚持,有人退却。克服困难的决心并不是人人都有,当你自认为面对绝境准备退缩时,勇敢者却毅然直上。困难就像是一堵墙,虽然高却不代表不能翻越,勇敢者会找寻出路:或飞越或绕行或是攀爬，最终总能跨过去。

在所有的优秀典型之中，埃莫斯·帕里什应该算其中最具代表性的一位。每年这位先生都会召集数百家顶尖百货公司的总裁和设计师们，来到位于纽约的华尔道夫饭店的宴会大厅里进行讨论交流活动。在那一年两度的集会里，埃莫斯会向企业家和企业助理们提供商业趋势分析，同时还向人们介绍一些商品的销售方法。不仅如此，他还会给商业人士提供宝贵的建议。作为他的听众，我在参加完数场研讨会后得出了这样一个结论：帕里什先生给予听众们最重要的一点意见便是自信与勇气以及积极思考的能力。在他看来只要相信自己拥有克服困难的勇气，那么所有的艰难困苦都会化为灰烬。

作为一名思想宣传者，埃莫斯·帕里什本身便是一个极好的例子。小时候他体弱多病，甚至还患有口吃。思想敏感的他，同时因为性格内向而饱受煎熬。因为身体虚弱，甚至有人认为他会是一个早夭的孩子。但是忽然有一天他的世界发生了转变，那是一场精神上的奇遇。猛然间他感觉到自己内心里燃起了一股信念，从那以后他便明白有了上帝的帮助与自己的努力，他将会健康地生存下去。

帕里什为商业家们提供特别的思想指导。这样的服务非常受欢迎，许多人愿意花重金来参加这一年两次，每次为期两天的活动。他们期待着大师指点，听他激昂的演讲。对我来说，这无疑也是一场感人的体验。坐在宾馆会场的人群之中，听着埃莫斯·帕里什精彩的演说，看着他向人们撒播积极思考的人生态度，我不禁为之感动。

　　有时他会因为结巴而让说话变得非常吃力，但这丝毫不影响他表达自我的心情。他总是坦诚地面对这样的尴尬情况，甚至还带一点幽默。有一天，他说卡迪拉克这个词语，尝试了几次都无法将它准确地读出来，最后他终于憋足了劲说出了这个词语："我连卡……卡……卡迪拉克都说不清楚，看来是没希望买上一辆了。"他诙谐地说道。底下的听众被逗乐了，场下爆发出爽朗的笑声，大家都十分喜爱这位幽默的演讲者。帕里什用自己的行动证明了什么是自信，

听众们也因此深受鼓舞。

所以在这里，我想再一次向大家强调，在这个世界上没有不能被克服的困难。我曾经采访过一位黑人智者，在问及他如何面对困难时他这样对我说："困难就像是一片荆棘林。所以当它出现在我面前时，我首先想到的是有没有办法绕过它。如果不行，那么我会考虑从它底下钻过去，再不行就跨过去。最后要是跨不过去我就只有直接穿过去了。"

现在让我们再次回到这章开头提到的钱包主人的法则上来。在一天的忙碌工作中偶尔让自己放下手中的事物，给自己一点时间将这句话重复 5 遍。每当这时，请在心里默默地告诉自己："我相信这一切。"记住这句话："凭借信念的力量，我无所不能。"每天将它重复 5 遍，你将会拥有百折不挠的精神力量。

人的潜意识是个调皮捣蛋的小家伙，它会抓住一切机会对你说："不要相信那玩意。"但是请你切记，人的潜意识有时是个彻头彻尾的说谎家。它经常会接受一些错误的信息并且将其反馈给你，比如它会低估你的能力。如果你在自己的潜意识里种下了悲观的种子，那么它会将这种悲观情绪传达给大脑。所以现在请对自己的潜意识说："现在听我说，我相信这一切，并且会永远坚持这样的信仰。"如果你能够将这种积极的思想灌输进潜意识里，那么它就会接受这样一个信念。一方面你通过借助自身的力量来控制思想，另一方面你正在向自己的潜意识讲述一个事实真相。在一段时间以后，你的潜意识会将这种意念传递到你身上。它会让你感受到，只要与上帝同在便可攻无不克，无坚不摧。

潜意识会接受各种信息，所以想要让它保持积极乐观的状态，就需要经常排除那些残留在思想中的消极因素，我们把这些信息统称为"消极因子"。这些因子无处不在，就连日常交谈间也难免有它的踪影。尽管就单个而言它们的破坏能力不大，但若是累加起来便是不小的一笔账，它会让人情绪低落甚至失去活力。当我第一次意识到"消极因子"这个问题之后就对自己的说话习惯作了分析，结果让我大吃一惊。我发现自己习惯于说"我恐怕要迟到了"，"我想我真的无能为力"或者是"我觉得自己不行"以及"我根本不能胜任那份工作，这个任务太繁重了"。如果有什么糟糕的事情发生，我会说："看，那正是我预见到的。"又或者我会望着天上飘着的云朵垂头丧气地说："待会儿准会下雨。"

所以说"消极因子"是真正存在的。虽然它的影响并不剧烈，但请不要忘记"集腋成裘，聚沙成塔"的道理。一旦这些小因子出现在了你的话语中，那就意味着它们已经渗透进入了你的思想里。这些小东西会以最快的速度滋生繁衍，在你发现之前，它们已经"发育"成为真正的消极思想。所以，我下定决心一定要将这些"消极因子"消灭干净，将它们从我的语言习惯中彻底拔除。在不断地努力过程中，我惊喜地发现想要消灭它们，最好的办法就是有意识地对自己说一些带积极色彩的词语。这些词语会让你觉得自己精力充沛，最终顺利地完成任务。在积极的情绪带动下你会发现自己原来可以完成许多原本看来不可能完成的任务，这都是精神的力量。

路边的宣传栏上刊登着一则机油广告，大字标语这样写道："清洁的发动机让你跑得更快。"其实人的思想也正是如此，摆脱了消极情绪的束缚，你将会感觉自己像台充满力量的发动机。所以请及时清洗你的思想吧，给自己一个全新的思想马达。记住思想就好比是机器的发动机，擦洗干净后便会动力十足。

想要克服困难，那么首先就要丢弃你那所谓的"不可战胜"理论，让积极的思想占据你的意识。精神态度直接决定我们如何面对困苦和艰险。而事实上，很多时候追根寻源，障碍本身其实来源于我们自己的思想。

或许你会反驳："我的问题不在精神上，事实本身就如此艰难。"

可能这是真的，但是你对困难的态度却是由精神决定的。每个人面对事物的态度其实都是一个思想发展的过程。如何看待问题就直接决定了你如何对待困难。如果你认为自己不可能翻越障碍，那么在实际行动中你也不可能有所突破。所以不要让自己陷入这样一个思想误区里。你所需要做的是让自己不为困难所吓倒，不要将它看成是一个坚不可摧的堡垒。你要坚信自己可以克服它，无论这样的希望有多渺茫，请一直坚定这样的信念。这会是一个良好的开始，会引领你走向成功。

如果你总是为困难所击倒，或许是与长久以来的自我定位有关。可能你将自己认定为一个注定一事无成的倒霉蛋，而这样的思想或许已经在你的脑子里扎根了几个星期，几个月甚至是几年。当人不断强调自己是个无能的弱者时，思想便会自动接受这样一个概念，并在逐渐地意识加固过程中让当事人自己也开始慢慢接受这样一个事实，最后就彻底沦为一个没有用的废人。

但是如果情况逆转，我们一直用积极新鲜的念头来刺激思想，我们的思想态度就会发生倾斜。不断强调并且重复强调积极的态度，最后你会说服自己的意识，相信自己可以完成不可能完成的任务。一旦你的意识发生转变，那么奇迹就将会出现，那一刻你将发现自己拥有许多不曾挖掘的能力。

我曾与一位优秀的高尔夫选手打过比赛。在我看来他不仅是位厉害的高尔夫玩家，更是一个充满智慧的人。整场比赛过程中，他凭借自己的聪明才智将每杆球都打得异常优美，这样的能力不得不让我惊叹。

我将一个球打进了深草区的草丛里。在走到这个高尔夫球前时我忍不住沮丧地说："看现在这副样子！我就知道自己一定会打进草区里。现在我的位置坏极了，估计接下去很难把这球打出去了。"

朋友站在一旁笑着对我说："要是我没记错的话，你似乎写过一些有关积极思考内容的文章。"

于是我忽然间如梦初醒。

"我并不认为你现在所处的位置很坏，"他向我解释道，"你是不是认为如果这球在剪平的草地上会好打许多？"

我承认的确如此。

"但是，"他继续说，"为什么你认为在那个位置上会比现在这个有利？"

"因为，"我回答说，"在那里草坪被修剪过，所以球更容易被控制。"

听完我的解释，他向我提出了一个有趣的要求："让我们放下手里的东西蹲下来，"他建议道，"我们一起来检查一下球的真实情况，看看它的位置到底如何。"

于是我们一起放下了手中的器具，蹲下身，扒开深草，只听他对我说："发现了吗，这个球所在的相对位置其实与剪平的草地上的情况没有多大区别，唯一不同的是，在球上覆盖着大约五六英寸高的草。"

然后他做了一个更让我吃惊的动作，"注意到这片草的特点了吗，"边说他边拿出了一把小刀递给我，"尝尝。"他说。

我割了一片草叶放入口中，他于是问："很软吧?"

"是的，"我回答，"这明显是片嫩草地。"

"那就对了，"他继续向我揭开谜底，"只要你轻轻挥动手中的那支 5 号球杆，它就会像一把锋利的小刀割过那片草地。"接着他对我说出了下面这番我让一生都难以忘怀的话。

"所以说所谓的深草区只是一个概念上的问题。换句话说，因为你将它看成是片深草，它才成为了真正的深草。在你的思想里，人为地将草定义成为了一个阻碍，一个困难。因此想要克服这样的障碍，首先就是改变你的思想。想象着自己正挥杆将球打出这片草地，不要怀疑。在这样的思想驱动下，你可以将信念转化成为灵活而富有节奏的肌肉运动。轻轻挥动手中的球杆，球便会在空中划出最美丽的曲线，所以接下来你需要做的不过是看清眼前的球然后告诉自己一定能行。放松自己僵硬的四肢，抛开所有的紧张情绪，快乐地打出属于自己的奇迹之球。记住，障碍永远只在心里。"

那一天我成功了。我真实地感觉到了挥杆那刻的轻松与快乐。球在空中划出一道弧线，最后落在了草区边界上。

亲身经历成了最好的证明，它一再提醒了我畏惧与害怕的心理才是真正的困难根源。

困难是既在的事实，却也并非真如想象中那般可怕。正所谓态度决定一切。你手中握有的信念的力量，就如同黑夜里的那盏指路明灯，定会带你走向光明。所以请相信信念，相信他会给你成就一切的力量，相信他会为你驱赶内心的紧张与畏惧。伟大的力量涌动在你身体里，牵动起每一块肌肉、每一条神经。相信这种感觉，胜利即将降临。

困难缠身常让人感觉手足无措，其实不然。若你能换个角度来思考，必能找到一个突破困境的出口。对自己说："思想才是真正的障碍所在。我相信胜利，我定会胜利。"牢记这句话。把它记在纸上，放进皮夹里，贴在镜子旁，压在书桌上——用一切办法让自己记住这个真理，直到它已经深入骨髓般嵌入了你的意识里。让积极的态度主宰你的思想，让它成为你坚实的信念——"信念赋予我力量以成就一切。"

困难可大可小，关键在于人们如何看待它。美国历史上有3位杰出的思想推动者，他们分别是——爱默生、梭罗以及威廉·詹姆斯。时至今日，他们积极的哲学态度还依然为美国人民所推崇。在他们身上我们能够清楚地看到信念的力量，面对困难时的顽强勇气以及无所畏惧的态度。

爱默生的思想一直基于这样一个理论，那便是信念赐予人类力量并且帮助人类释放力量。威廉·詹姆斯则认为处理事务的关键永远在于人的信念。梭罗告诉我们成功的秘诀在于保持一颗胜利的心。

美国总统、领袖型人物——托马斯·杰弗逊和富兰克林一样有自我制订规则的习惯。富兰克林拥有 13 条日常标准，而杰弗逊只有 10 条。在这 10 条准则中有一条在我看来非常宝贵："处事迂回圆滑。"所谓迂回圆滑是指在面对困难与障碍时采用一种非直接的形式以避免过大的阻力。我们都知道长时间的阻力磨损会破坏仪器性能，所以在操作过程中要尽可能避免阻力冲击。而消极的态度就好比是阻力，使得人们丧失解决困难的能动力。相反，积极的处事方式就像是给机器上了润滑剂，让这联动的世界变得井井有条。此法不仅减少了阻力，更是节省能量的上上之举。若是我们能有意识地尽早学会这样的方法，那么在有生之年定能克服重重困难达到辉煌，否则遭受重创而一蹶不起的情况也未尝不会发生。

一位夫人带着 15 岁的儿子来到我们诊所。她告诉我们这个孩子只要是考试，无论如何都不会超过 70 分，这个情况让她感觉非常困扰。她告诉我们这个孩子一定是缺少了某种点拨："我的孩子脑袋非常好使。"夫人认真地对我们说。

"为什么你这样确定？"我问。

"因为他是我的孩子，"妇人回答道，"我毕业时可是优等生。"

看着男孩满脸的忧郁，我转身问他："那告诉我，你出什么事儿了？"

"我也不知道，是妈妈带我来见你们的。"

"哦，我看到了，"我耐心地说，"可是似乎看起来你对读书没什么兴趣，你妈妈说你考试时永远都只拿 70 分。"

"是的，"男孩回答，"我一直都超不过 70 分。不仅如此，我还拿过更坏的分数。"

"你觉得你的脑袋好使吗？孩子。"我问。

"妈妈说我聪明。但我却不这么认为，我觉得自己是个蠢蛋。皮尔医生，"孩子焦急地对我说，"我努力地学了。在家里我反复地复习书本上的知识，甚至合上书本还在心里默记。这样的工作我重复了 3 遍。我对自己说，如果 3 遍都记不住，还能有其他什么办法呢？每天上学，我总期待着自己能够回忆起前天晚上复习的内容。但是不幸的是，只要老师上课提问，我一起身回答就会发现自己已经将答案忘得一干二净。然后考试的日子到了，我不是发烧就是着凉，我呆呆地坐在位子上，对着卷子什么都答不出来。我不知道为什么。"男孩可怜地继续说道，"我知道妈妈很厉害。但我想或许我真的没有遗传到她的天赋。"

消极的思维模式配以内向的性格特质，同时在母亲外在的态度刺激下，孩子的能动性完全被抑制了。他无意识地将思想活力自我冰封起来。母亲的失职之处在于没有告诉孩子读书上学本是一个快乐的探知过程。她非理性的比较让自己的儿子倍感压力。正确的激励方式其实应该以自我为标准，不断前进。过分强调自己辉煌的过去无疑是对孩子自信心的致命打击。这也难怪孩子最终失去了学习的力量。

查找出问题根源后，我便给孩子提出了一系列建议。"每次在你准备学习之前给自己空出那么一小段时间，像下面这样祈祷：'万能的上帝，我知道我有一个聪明的脑袋，我一定可以学得出色。'然后放松去阅读你的课本，记住不要紧张。想象着你此刻在读的是本有趣的故事书。不要刻意去读第二遍，当然了，除非你认为非常有必要。告诉自己一遍就可以记住，然后感觉它们像水一样渗透进脑子里，像种子一样在记忆里发芽。当第二天来临时，对自己说：'我有一个伟大的妈妈，她漂亮而又温柔，但她从前一定是个大书虫，否则她不可能考出那么多高分。有谁想做一只老书虫。我不在乎优等生的称号。我只想光荣地毕业。'"

"在学校里，当老师点名提问时，快速地祈祷一下。考试来临时也一样，充满信心地祈祷一下，放下所有的精神负担，答案自然会浮现在你的脑海里。"

男孩照我的话去做了。你猜在后来的考试中他拿了多少分？90！我相信在这样一番经历之后，他一定会领悟到"信念必胜"的道理。积极的思考态度可以唤醒人潜在的巨大能量，而这在他今后的人生道路中一定会成为难忘的一课。

我有太多相似的例子可以证明积极思考的强大作用。思想方式的转变可以改变人的命运，这样的故事太多，若是将它们一一列上，怕是几本书都写不完。我们每个人每天遇到的问题都不一样，所以这不单单是理论，更是解决困难的切实手段。每一日，我的邮箱都被会各式各样的来信塞满，其中许多是来向我报喜的。这些人或是听过或是看过我讲的故事，因为感动，因为行动，最终都在各自的生活中取得了相同的成功。

有一封来信便是如此，写信者讲述的是他父亲的故事。我知道有许多人也用到过信中所提到的方法，并且收效显著。

"父亲是位旅行商。有时候他卖家具，有时候卖电脑硬件，又有时候卖皮革制品，每年的东西都不一样。"

"我经常可以听到他对母亲的许诺，向我们保证这样居无定所的日子很快就会过去。我们不用再睡帐篷，不用再不停地卖各种商品。他说新的一年，生活会焕然一新，衣食无忧的日子马上就会来到。他总是念叨着有家公司准备与他合作，届时他会成为一名专销商。每年父亲都这样对我们说同样的话，但事实上他还没卖出过一件正式的商品。他每日都为生计忧愁，为自己的一事无成而烦恼。黄昏中那个吹口哨的背影是我记忆中无法抹去的一个剪影。"

"父亲的转变起始于一位推销商的出现。这位伙计抄给了他一段 3 句话长的祷告文，并且建议父亲在每次拜访客户前都将它重复一遍。父亲照做了，结果出乎意料，仅第一周他就卖出了手中 85% 的商品。后面的情况自然是越来越好，几个星期之后，他的销售率到达了 95%，16 个礼拜之后，他已经能够做到百发百中。"

"父亲将这个法宝教给了其他的同行们，结果每个人身上都发生了相同的变化。"

"父亲的祷告很简单：'我相信信念指引的一切。我相信自己总能选对要走的路，相信信念总会为我打开希望之门。'"

一位公司主管曾经向我介绍他自创的一套对抗困难的方法。他自豪地说就是凭借这个方法，他成功地闯过了企业创办之初的重重关卡。这位先生在早先有个喜欢过分夸大困难的坏习惯。一点小问题在他的不断"充气"下最终变成了一道无法跨越的鸿沟。有趣的是，后来他自己也意识到了这个问题。他不仅明白消极态度的负面影响，更是明白困难本身并不如自己想象中那么可怕。所以，一度我甚至怀疑这样思想健康的人是否真有过一段痛苦的经历。

这位先生有一台专业的思想矫正仪器，在仪器的帮助下，他的生意取得了骄人的成绩。仪器的结构很简单，不过是一只铁丝篮。唯一新奇的是篮子上插着一张卡片，上面写着："信念所在，我无所不能。"每当遇到困难，每当消极的思维开始在脑中作祟时，他会扯下一张纸，写上自己的问题，然后丢进那个铁篮子里。纸片通常会在那篮子里躺上一或是两天。"奇妙的是，每当我再次打开那些扔在篮子里的纸条都会觉得它们不再像当初一样让人头痛。"

当你读完这章内容的时候请大声朗读下面这段话："我不相信失败。"直到这样的思想彻底占领你的潜意识为止。

不做忧虑的奴隶

　　人不应为忧虑所困扰。追根溯源，什么是忧虑？简单来说它是一类不健康的，会伤害人精神的习惯。忧虑不是与生俱来而是后天习得的。我们知道任何习惯或是心态都是可以改变的，因此你也可以 A 把忧虑抛到脑后。想要消灭忧虑需要付诸积极行动，此刻不为，更待何时。从这里我们迈出行动的第一步。

　　为什么人们需要如此重视忧虑的问题？史麦利·布兰登博士，著名的精神病学家给了我们明确的答案："忧虑是现代社会最大的疾病。"

　　有心理学家提出："忧虑是瓦解人类意志的最大敌人。"杰出的心理学医生也曾断言："忧虑是人类最棘手且伤害力最大的疾病。"医生告诉我们有成千上万的人是因为"忧虑堵塞"而患上各种疾病的。这些人因为不能释放忧虑而将其转化到了自身性格中，最终以不同的方式影响健康。忧虑一词在古老的盎格鲁撒克逊语言中的原意为"窒息"，由此可见得它的杀伤力有多大。如果你有时觉得有人在用双手使劲掐你的脖子，并且切断了你身体内的能量流通，那很明显说明你已经长期处于忧虑的环境中了。

我们知道忧虑常常是导致关节炎的一个因素。根据医生们的分析，引起关节炎这一疾病流行的原因包括以下多个因素：经济危机、沮丧、紧张、忧惧、孤独、悲伤和长时间的怨恨，以及习惯性忧虑，虽然不是所有的因素都直接导致疾病，但至少其中的部分确实常常伴随着关节炎的产生。一位诊所人员曾经对176位美国经理级主管人员做相关的调查研究，在这些平均年龄44岁的中年人中，有一半以上的人患有高血压、心脏病等各种疾病。不仅如此，研究还发现几乎所有的疾病都与忧虑有直接的关系，可以说它是人类疾病的罪魁祸首之一。

忧虑就像我们认识的那样，可以轻易进入我们的精神之中，同样的，也可以轻松被人们驱赶出去，只要人们能够发现并且有意识地去克服它。《扶轮》月刊杂志刊登过一篇名为《你可以活多久?》的文章。文章中作者得出这样的结论，如果你想要长命百岁，那么就照着下面的方法去做：(1)保持心平气和；(2)多去教堂；(3)摒弃心中的忧虑。

有研究显示，信教并且去教堂参加礼拜的人要比没有宗教信仰的人活得长（所以如果你不想英年早逝的话就参加教会吧）。结婚的夫妇，根据报告中所说，要比单身的人长寿。或许这是因为结了婚的两个人可以互相分担对方的忧愁，而当你单身一人时就只能孤单一人承担所有的愁苦。

一位科学家用一生的时间对450位百岁老人的生活做了跟踪研究，结果发现这些长寿老人有一个最大的共同点，那就是他们都对生活感觉非常满意。满意的原因大致来自下面几点：(1) 他们的生活总是忙碌与充实；(2) 无论何时何地，他们都懂得自我调整；(3) 他们吃得不多而且清淡简单；(4) 他们总能在生活中找到许多乐趣；(5) 他们早睡早起；(6) 他们从不为忧虑或者恐惧所烦扰，他们更不害怕死亡；(7) 他们的思想平静而又清晰。

你是否时常听到有人这样说："我快愁出病来了。"然后有人会笑着附和道："不会的，你永远都不可能被击倒。"但是他说错了，忧虑会让你得病。

乔治·W·克赖尔，著名的美国外科医师说过："恐惧不仅在我们的思想里，它还在我们的心、脑以及所有内脏器官里。无论是什么引发了人的恐惧与忧虑，都会反映在我们的细胞、组织以及身体器官中。"

神经学家——斯坦利·考伯医生这样描述忧虑，他说忧虑与风湿性关节炎有着密切的关系。

一位医生在他最近的报告中指出生活在美国这片土地上的人大都患上了恐惧与忧虑的疾病。"所有的医生，"他解释道，"都在对付由恐惧带来的各种疾病。更坏的是，有些症状正因为忧虑和不安而变得更加严重。"

但是请不要灰心，因为我们完全有能力克服这种忧虑。这里有个方法可以帮你减轻由此带来的痛苦，它可以帮你戒掉忧虑的坏习惯。想要击溃忧虑的侵袭，首先要做的就是要相信自己，相信自己可以做得到，相信依靠信念的力量你可以如愿以偿。

接着，练习下面的方法步骤，它们能够帮你消除所有正在困扰你的不必要的烦恼。

第一步，我们得学会每天定时清空自己的思想。每晚睡觉前我们都应该把自己的思想好好清理一下，以避免将忧虑的心情带到睡梦中去。人们睡觉的时候，思想会不自觉地进入到人的潜意识中去，所以睡前的 5 分钟特别重要，因为就在那这段短暂的时间里，思想最容易接受暗示。人在最后清醒着的那段时间里，思考的内容非常容易被延续带入梦中。

因此在这个阶段，清除思想杂质对于克服内心的恐惧显得非常重要，除非你将害怕与恐惧的思想全部清理干净了，否则它将会阻碍你的思想流通，堵塞精神力量的传递。如果我们能够坚持每天都对思想做定时的清理，那么它们就不可能积聚在我们的身体里。尝试着用创造性的想象来排尽它们，就想象你正在把脑中所有的不安与害怕都驱逐出去。构造这样的画面：你拔去塞子，看着源源不断涌出的活水将你的忧虑冲得一干二净。一边想象一边在口中重复下面的话："在信念的帮助下我可以清除思想里的所有焦虑、恐惧与不安。"慢慢重复 5 遍之后再说："我相信现在的脑中再也不存在任何与焦虑、害怕和不安有关的情感了。"将这句话再重复 5 次，同时幻想相同的场景，想象这些消极的念头已经被你洗刷得干干净净。接下来，真诚地感谢信念再次将你从恐惧中解救出来，然后安心地入眠。

在开始这个治疗过程的时候，我们同时还应该在中午、傍晚以及睡前重复相同的过程。我们只需找到一块安静的角落，花上 5 分钟的时间就可以完成这些要求。充满信心地去实践这个过程，你定会从中得到许多收获。

如果你还想增强这个方法的效力，那么可以想象自己是个走进了思维空间的小孩，在那里你正将忧虑和烦恼一个一个地搬出去。通常情况下，小孩子的想象能力要远胜过大人。在"亲亲不痛"或者是"亲亲不怕"的游戏里面，小朋友们都会对这种借助情感想象的手段有积极的反应。分析其中的原因，我们可以发现这是因为小孩子们相信游戏里所说的规则，相信这犹如魔术般的手法，所以最后他们成功地克服了内心的恐惧，消除了肉体上的疼痛。所以请想象你正在把恐惧扔出脑外，这样的想象最后会帮助你完全克服忧虑的困扰。

想象可以滋生恐惧，同样也可以治愈恐惧。"想象"就是通过精神勾勒出图像，然后借助人为的努力将想象的内容变为现实，这是一个高效的过程。想象不等同于幻想。想象一词来源于意念。如果一个人拥有足够大的意念力就能将所想的变为现实。

所以，想象你正一点一滴地从思想中清除忧虑的成分。这是一项大工程，所谓滴水穿石，到最后所有的烦恼都会不复存在。但如果仅仅是将思想清空，这还不算是根治了我们思想的疾病，因为思想不会真空得太久，到一定的时候一定会有新的内容填充进你的脑子里。所以在清空你的思想之后要将它再次填满。将你的思想塞满信念、希望、勇气以及期待。大声并且确信地念出下面的话："信念将勇气、沉着以及确凿的肯定注入我的思想中。信念将保护我不受任何伤害，同时也将守护我所爱之人。信念会指引我作出正确的抉择，他将会看着我走过一切。"

每天，一半时间都用这种思想充盈你的思绪，让这样的念头随意地在你的思维流中漂浮。只有这样，信念才可以帮助你打败忧虑。害怕在所有的意念力中拥有最强大的力量，但唯独无法与信念匹敌。信念是恐惧的克星，有了信念，忧虑便会溃不成军。所以一天又一天，只要我们不断向自己的内心注入信念，忧虑将会无处藏身。人们永远都不应该忘记这个真理：拥有信念，害怕与恐惧将自动成为泡影。

所以我们需要完成的整个程序流程应该是这样的——清空你的思想然后在上面烙上信念的语录烙印，学习用信念填满你的思想并以之来驱赶心中的忧虑。

将你的思想填满信念，于是不断膨胀的信念会帮你将忧郁排挤出去。纸上谈兵是不行的，我们应该将书中介绍的方法真正应用到实际生活中去。此刻就是练习的最好时机，相信这是最好的选择，只要我们每天都能做到用信念去排挤心中的恐惧，那么忧虑的习惯将最终被打破，一切就这么简单。学习如何成为一名信念者，直到你真正体会到了其中的含义与力量，那时恐惧将无法再寄生在你身上。

想要让自己不为恐惧所缠绕，首先要做到的一点就是不要过分强调它。恐惧会像幽灵一样徘徊在人们的身边，有时只要想到它，人们就会不知不觉走入它的魔咒之中。这并非虚张声势，人会因为不断积聚的恐惧而将事态逐渐推向最坏的方向，正所谓是，你怕什么就来什么。情绪的氛围会随着时间的推移而慢慢扩散，所以很多时候我们都是在自作自受。

尽管恐惧的魔爪很锋利，我们也无须惊慌。《圣经》中有这样一句话："我所坚信的事实最终会来到身边。"这句话虽短，却是准确无误地告诉了我们如果能够拥有信念，那么"万事皆有可能",就像是"由你所信的来到身边"。所以当你用希望来替代害怕时,它将停止恐惧在你心中的蔓延,同时将信念的图画呈现到你面前。你的头脑应该装满健康的思想与信念,而不是畏惧。只有这样你所害怕的才会永不出现,你所希望的才能展现在面前。

想要战胜忧虑的习惯往往需要我们拥有战略战术上的支持。正面交锋的战斗常常不能得到取得出奇制胜的效果,所以我们需要改用更巧妙的方法从旁突击,将外部的堡垒逐个击破,然后慢慢缩小包围圈,最后一举歼灭敌方目标。

这样的作战模式就好像是伐木工人的工作,从远离主干的最边角支干开始,一点一点迫近,只有这样我们才能花最少的力气将忧虑完全拔除。

这让我不禁又想起了在自家农场伐树时的情形。每年到了一定的时节,人们都要砍去一批大树,尽管这让我觉得非常不舍,因为眼睁睁地看着碗口大的树倒下去,心中的滋味并不好受。或许很多人都会和我在最初时一样,以为砍树就只是将大树拦腰截断那么简单,但事实却并不这么简单。伐木工人开来了他们的自动切割机,却先是架起梯子,爬上树梢剪起小枝条。从小到大,从远到近,最后是树顶,经过一番修理之后,一根光秃秃的树干露了出来。最后机器的割刀才派上用场,数分钟之后一棵没有枝丫的树干倒在了地上,看着干净的它,你绝不会想到这是一棵曾经活了50多年的老树。

"如果不清理树枝而直接从底部将树砍倒,那么它在倒地的过程中很有可能伤害到周围其他的树。而树清理得越干净处理起来就越容易。"工人们这样对我解释。

的确，清理我们的烦恼之树也是一样的道理。烦恼的大树在人们的思想中已扎根生长多年，想要搬动它实属不易，所以我们需要尽可能地将它变小、分解。小烦恼就像那些小枝丫，远比大树容易处理得多。将以上形象的说法具体化就是要求我们在平时的言谈中尽量减少带忧虑色彩的词语。词语不单单是情绪的结果，更会是情绪的引发者。一旦忧虑窜进思想中，请立刻用信念的力量将它驱赶出去。举个例子，你忍不住在心里说："真担心自己会赶不上火车。"但其实这么做是错误的。你应该做的是尽快打理好一切出

发，以确保自己在路上有充足的时间而避免迟到。人忧虑得越少，越能以最好的状态出发，系统化地清理自己的思想，这样我们才能踏上正确的节拍。

小烦恼处理过后，我们需要慢慢着手主干问题。随着力量的逐渐恢复，你将有可能把忧虑之树连根清除，那一刻你的生活里将再无忧虑的踪影。

我的朋友丹尼尔·A.波林医生有一个非常好的方法，在此特意推荐给大家。每天清晨在起床之前他都会将"我相信"3个字重复上3遍。3遍过后信念就开始在他的脑中扎下了根，并伴随他度过接下来的一天。就是这简单的3个字却给了我的朋友无限勇气来面对和克服一切困难与问题。每天都满怀着信念出发，相信"我相信"的人必会马到成功。

我曾经在一次电台广播中提到过波林医生的"我相信"方法，一段日子过后我收到了一位女士的来信。在信中她告诉我，自己虽然是个犹太教的信徒，却一直对自己的宗教信仰抱有怀疑。在家中她感受不到家庭的温馨，相反到处都是争吵、争论、焦虑，以及不愉快的感觉。她的丈夫，据她所说是个只会"借酒浇愁"的人，没有工作的他终日无所事事。尽管如此，他还一个劲地抱怨工作难找，而与她生活在一起的婆婆则"整日为她身上的疼痛而呻吟"。

但那一天她听到了电台中波林医生介绍的方法，这带给了她深深地触动。女士决定给自己一个尝试的机会，所以在第二天早晨起床之前，她对自己说："我相信，我相信，我相信。"接着奇迹就发生了，她在信中这样对我说："只过了不到10天的时间，就在昨晚，丈夫回家告诉我他找到了一份周薪 80 美元的工作，他还说他准备戒酒。我能体会这次他是真了下决心。更为神奇的是我婆婆也不再抱怨她的头痛了。整个家就像是着了魔一样，之前的那种阴郁氛围也都不见了，我的忧虑也随之一扫而空。"

这的确像是个奇迹，而同样的奇迹也可以发生在我们每一个人身上，只要我们能将自己变得积极，每天都可以是无比美妙的一天。

我的好朋友，已故的艺术家霍华德·钱德勒·克里斯汀就有他独到的抵抗忧郁的方法。他是个快乐的人，很少有人可以活得像他一样洒脱。他的不屈不挠以及快乐的生活态度总能轻易感染到周围的人。

我所在的教堂有个规定，要求每位在职牧师都提供一幅画像，这个画像会一直挂在当事人的家中，直到本人去世后才被挪到教堂的陈列室中，与先人们一起共存一室。长老执行理事会通常会要求画家把人物画得尽量饱满，因为人们总会在乎自己的长相问题。（我自己的那幅已在几年前完成了。）

坐在克里斯汀先生面前，作为模特儿的我这样问道："霍华德，你从来都不会觉得忧虑吗？"

他笑了，对我说："是的，从来都没有，我从来都不相信忧虑之类的东西。"

"原来是这样，"我不禁感叹，"这的确是不让自己变得忧愁的最好方法。不过我觉得这样的说法太过于单薄——你不相信，所以就可以做到不忧虑吗？难道你从未尝试过忧虑是什么感觉吗？"

老朋友听后回答道："试过，我试过一次。我看着大家都在忧虑中生活，所以就觉得如果不感受一下这种感觉，就好像是在人生经历中缺少了点什么，于是有一天我决定给自己制造一点烦恼出来。我特意腾出了一天的时间，对自己说：'今天是我忧虑的日子。'我想着给自己弄出点忧虑的事情，然后好好体会一下其中的味道。

"所以在前一天晚上我早早地上了床，我准备美美睡上一觉以便能在第二天好好感受一下忧虑的滋味。早晨起来，我给自己做了一顿丰盛的早餐，因为不吃饱就没力气制造忧虑。于是填饱肚子之后我开始努力地工作，事实上我用了一个早上的时间竭尽所能让自己忧虑，可惜到了中午都丝毫没有收获。我就好像是个忧虑的抗体，所以最后还是决定放弃了。"

故事讲完后他笑了，那声音让我也不自觉地愉快起来。

"我总觉得你应该有某些方法来避免自己产生不必要的消极情绪吧。"我问道。他点点头，告诉了我这个秘诀。

"每天清晨我都会花 15 分钟的时间将自己的身心奉献给信念，"他这样说道，"当你满心都是信念的时候就没有多余的空间来储存烦恼。我就是这样每天充满信念，然后开始一天的旅程，这种愉快平和的心情会伴随我一直到日落。"

霍华德·克里斯汀，这位手拿画笔的天才艺术家同样也是生活的艺术者。他明白生活的真谛，懂得如何将简单的道理付诸实践。思想有作用力和反作用力，它可以塑造一个人，也可以摧毁一个人。人可以通过控制心志进而指挥行为，将理想化为现实，所以用信念填满你的心，把恐惧与忧虑统统甩掉，这样的你就可以重新拥有信念与勇气。

忧虑会占据人的心，它与爱和关怀相斥。想要治愈内心的痛苦最好的方法就是相信信念的力量。每天用15分钟时间来祈祷，坚定不移地对自己说："我相信信念的力量。"这样，你将没有多余的空间来填塞忧虑，信心自然就会出现。

这个方法看似简单，却不是任何人都可以轻易做到的。这个世界上像霍华德·克里斯汀一样的人并不多，因为大家都把困难想象得太过复杂，没有想到其实最简单的方法恰恰最具效果。很多时候我们都会惊讶于庖丁解牛的现象。复杂的问题解决起来往往并不困难，关键在于找对方法，所以大部分人的症结就在于不知道用什么方法来解决问题。想要渡过这关，我们就需要知道怎么去做应该做的事。

人生成功的秘密之一就是学会主动出击，并且保持积极进攻的态势。在脑中想象这是一场战争，你需要做出有效的打击。在行动之前你必须对目标做一番仔细的调查研究，然后精确瞄准。面对忧虑也是同样的道理。这里有个非常好的例子，故事来自于一位企业家，我个人觉得他的方法很有道理，所以特意在此推荐给大家。这位先生曾经也是个忧虑狂人，积虑成疾的他不仅神经紧张，甚至在身体上也出现了疾病了征兆。他总是担心自己说错话、做错事，总是反复斟酌自己的决定，生怕犯下某些不可挽救的错误，渐渐地他对自己越来越没信心。作为一名后现代主义专家，他本身智慧过人，拥有双学位的他曾经走过一段无比光辉的岁月。于是我建议他用最简单的方法来释放自己的压力，让他明白过去的辉煌已成历史，再执着也是无望，希望的重心应该放在还未到来的明天。这道理虽然听起来简单，却是一字千金。

很多时候，真理听起来都很简单，实践方法看起来也不复杂，但正是这简单让真理更显深刻。不久之后，我再次遇到这位企业家，惊喜地发现了他身上的变化。他成功地克服自己的忧虑，于是我便请教他的方法。

"的确，"他说，"我找到了其中的奥秘，你也看到了它的神奇作用。"他与我约定，近期内会抽时间向我展示他的妙法。于是过了几天，我接到了他的电话，他邀请我一起共进晚餐。我按照约定的时间来到了他的办公室，他开始向我讲起了自己的秘密。原来他每天晚上在离开办公室前都会做一个"小仪式"，就是这个仪式让他丢掉了忧虑的坏习惯。这个方法非常特别，至今都给我留下了深刻的印象。

当我们两人一同拿起帽子和大衣准备走出办公室的时候，他忽然在门口的废纸篓前停了下来。在这个废纸篓上我发现了一个日历。这个日历并不是我们平时见到的一个星期、一个月或者是3个月合订起来的那种，而是一天一页型的。你在每一页上只能看到一个日子，那个数字还是加粗放大过的。他对我说："现在我将为你演示我的仪式，就是这个帮助我戒掉了忧虑的习惯。"

他抬手，撕下了日历上的这个日子，将纸片揉成一个小球，我入迷地看着他将手指慢慢舒展开，然后把那个"日子"丢进废纸篓里。接着他闭上了眼睛，嘴唇微微地开合着，那是祈祷的信号，于是我们各自陷入了沉默。最后的一刻，他大声地说道："好了。一天过去了。跟我走吧，咱们一起出去好好享受一顿美食。"

走在大街上，我忍不住问他："如果不介意的话，能否告诉我你在祈祷里都说了些什么?"

他笑了,对我说:"我的祈祷不是你想象中的那种。"但在我的坚持下,他还是说给了我听:"好吧,我的祈祷是这样的,'我犯了一些错误,这是因为我没能遵从心中信念的指引,所以我深感惭愧。但是我同样也取得了不少胜利,这都是因为信念的帮助,为此我深表感激。但是此刻,无论是错误或是成功,胜利或是失败,这一天都已经过去了,我已经尽力了,现在我又要开始新的一天了。'"

或许这真算不上是正统的祈祷,但它却是个非常有效的祷告。他将每一天都当成是一场会落幕的戏。他更在乎没有到来的明天,更期待美好的将来,借助这个方法,朋友将他一天所犯的错误、经过的失败以及做下的罪恶统统一笔勾销,所有的一切都不再成为困扰他的因素。他放逐了昨日的忧虑,学会了抵抗烦恼。

同样的,你可以构想出自己特有的抵抗忧虑的办法,我很期待着听到你们的好消息。我相信所有懂得提升自我、塑造个性的人心中都充满信念,他们都在他的精神书馆中畅游,所以让我们一起来努力创造属于自己的美好生活吧。我经常会收到来自世界各地的信件,写信的人都是如此善良与友好,他们将自己的方法和结果与我一起分享,所以我同样也努力地借助书、布道、报纸专栏、电台、电视以及其他媒体,将这些经过试验的方法介绍给更多的人。希望通过这些方法不仅仅能够帮助人们克服忧虑,同时还能帮助人们解决其他个人问题上的困扰。

为了有效地帮助大家克服忧虑的习惯,在本章的最后部分我列出了 10 点公式，希望可以借助这个经过设计的方法给大家带去福音。

1. 对自己说："忧虑是个精神上的坏习惯。我们可以在上帝的帮助下改掉这个坏毛病。"

2. 人会因为经常忧虑而变得忧郁，但反其道而行之则可以将自己从这一切烦恼中解脱出来，强大的信念力可以成为你的支柱。用百折不挠的精神与力量来练习获得信念。

3. 我们怎么学会拥有信念？要做的第一件事便是在每天清晨起床前大声地对自己说 3 遍："我相信。"

4. 用下面的公式进行祈祷："我将自己生命的每一天以及所爱的人和工作都交给了信念。信念只会帮助我们。无论幸福还是悲伤，无论结果如何，只要我心存信念，美好会与我同在。"

5. 学会在谈论消极话题时及时插入一些积极的内容，要乐观地交谈。比如不要说："这将会是糟糕的一天。"相反的，你要确信地对自己说："这将会是美妙的一天。"不要说："我永远都不可能做到。"应该说："信念定会助我达成心愿。"

6. 永远都不要参与任何消极的谈话。在人们交谈的过程中尽量注入希望的兴奋剂。悲观的话题将会影响所有参与讨论的人的心情，它会让人们变得消沉，所以说些让自己快乐的事情，这样会帮助我们驱赶不愉快的气氛，会让每个人都觉得充满希望与快乐。

7. 一个人之所以忧虑正是因为他的思想中满是忧惧、害怕与沮丧的念头。为了对抗这种思想，在心中默念有关信念、希望、快乐、荣誉等积极的念头，将它们说上一遍又一遍，直到它们可以完全刻进你的潜意识。到那一刻时，它们会从你身上折射出来，届时你的思想里有的不是忧虑而是快乐。

8. 多与乐观的人交朋友。将自己置身于一群积极乐观、充满信念的朋友当中，他们会为你营造一片活力的天空。在那里你的信念之源会不断被激发出来。

9. 看看你能帮助多少人来治愈他们内心的忧郁。帮助别人的同时也会让自己积聚能量，这会使你变得更强大。

10. 在生活的每一天里都要告诉自己，信念是我们的伙伴和朋友。与信念同在，有什么值得我们去忧虑和害怕？所以，现在对自己这样说："信念在我身边。"大声并且确信地说出来："我永远都和你在一起。"然后改动一下再说："信念现在就在我身边。"每天都将这些话坚信不疑地重复3遍。

146

解决个人问题的力量

　　这个世界上有许多幸运儿，他们的幸运之处在于懂得如何正确、积极地处理自己的问题。下面几个故事正是围绕这样一个话题展开的。

　　一个人能够拥有成功、快乐的生活，其实并不意味着他的人生就一定是一帆风顺，无惊无险。能够畅享生活乐趣的人，自然拥有他的法宝。人生来平等，没有人有三头六臂，也没有人可以逃避人生道路上的种种困难和问题。大家都在各自的命运之旅上披荆斩棘，但不同的是，有的人找到了属于自己的"生活公式"，得出了解决问题的正确方法。幸运的你也可以用相同的公式来指导自己的人生。

　　首先，请听我讲一则故事。故事中的两位主人公都是我的老朋友，其中的男主人公比尔一直在一家公司里工作。比尔是个十分努力的人，每日勤勤恳恳、任劳任怨，为公司做出了不小的贡献，最后也成功升任到了公司高级管理层的岗位上。这个职位仅次于公司总裁，可以说是一人之下，万人之上。于是大家也都认为，现任总裁退休之后，应该会由比尔来接替总裁的职位。可是事实往往喜欢和人开玩笑。就在所有人准备接受比尔为新任总裁时，一个"外人"出现了，并且夺走了原本属于比尔的位子。能力、经验与资力样样符合要求的比尔，就这样被人顶替了。

新上任的这位总裁是由总公司从别处调任过来的。就这样，比尔的任命案被彻底搁浅了。

很凑巧，就在意外任命案事发的时候，我刚好来到比尔所在的城市。当时，他的妻子玛丽的情绪非常激动，她为自己丈夫得到这样的待遇而深感气愤。晚餐桌上女主人不无挖苦地述说着这一切。她把所有的失望与愤怒还有沮丧都化成一团怒火喷发在了她丈夫和我的身上。

与之形成鲜明对比的，女主人的丈夫比尔却是非常平静。虽然心里受了伤害，肚子里面憋着满腹的委屈与疑惑，但他没有失去理智，依然积极地面对着这一切。作为一个绅士，他的处变不惊的确让人敬仰。玛丽想让丈夫立刻辞去公司的职务以表示抗议，她要比尔将所有的不满都说出来，然后炒了公司的鱿鱼。

可是比尔拒绝了，他不愿意这样做。他解释说或许公司的决定有它的道理，他希望能够和这位新来的上司合作愉快，同时愿意尽一切所能来帮助新总裁打理好所有工作。

这样的胸襟和气度着实不易，但也不难理解。作为公司元老级人物，想要离开原来的岗位另觅高就其实并不像说起来那般简单。面对这样一份事业根基，比尔更愿意继续工作下去，他相信公司会很高兴继续将他留在现在的位置上。

这时，女主人找到了我，她问我如果换成我会怎么做。

我对她说，如果是我，一定也会像她一样失望、生气，但是我会尽量克制自己不让怨恨蒙蔽我的心，因为憎恨不仅会腐蚀人的灵魂，还会搅乱人的正常思维。

我于是建议大家一起来听听内心良知的指引。以便找到最正确的答案。很多时候，就像现在这样，感情会成为阻碍我们客观与理智地思考问题的枷锁。

所以，我建议3个人一起沉默几分钟，不要说话，以3个好朋友的身份一道祈祷，我对这屋里的另外两个人说，如果我们将思想联合起来，那么内心的良知将会慢慢苏醒，它会告诉我们应该怎么做。

这对情绪激动的女主人来说不是件容易的事，但是凭借她的聪慧，我们3个最终还是结合在了一起。

在几分钟的静默之后，我建议大家彼此拉起手来，这样即使在嘈杂的餐厅里，我也能安静地同时为3个人做祷告。在祈祷里，我向内心良知寻求指导，我请求上天赐给比尔和玛丽平和的心境，保佑比尔在人事调整之后可以一帆风顺，让比尔可以与新来的上司同舟共济，在将来为公司作出更大的贡献。

在祈祷结束之后，我们3个人坐着沉默了很久，是玛丽开口打破了沉默，她说："真的，我想我知道应该怎么做了。记得当初听说你要与我们一起共进晚餐时，真的很担心你会要求我们用祈祷的方法来解决问题。说实话，我并不喜欢那样，我的内心很是煎熬。当然，现在我明白了这是解决问题的最好方法。尽管这并不容易，但是我会努力去做。"她微笑着说，脸上的敌意慢慢消退。

　　此后，我开始留意起这两位朋友，我惊喜地发现尽管生活并不总让人事事如愿，但他们心中却始终充满了希望，他们不断地调整自己，不断克服自己的失望与不快。

　　比尔在与我后来的交谈中提到他很喜欢这位新来的上司，他们合作得非常愉快。这位新来的总裁经常征求他的意见，这种相辅相成的关系让彼此都觉得很满意。

　　而同时玛丽也与总裁夫人成了好朋友，他们两对夫妇几乎成了密不可分的伙伴。

　　两年过去了。又有一天我来到了他们所在的城市，并且接到了他们打来的电话。

　　"我兴奋得简直说不出话了。"玛丽在电话的另一头对我说。

　　我心里想着应该是出了什么惊天动地的事儿，否则她不会如此激动。

　　果不出所料，电话另一端玛丽喜极而泣，"这一切真是太让人高兴了！某某先生（就是现任的总裁）现在被调任到另一家公司去了。新公司为他提供了比现在更高的职位，所以说他升迁了。"女主人顿了一下，反问我道，"你猜猜后来发生了什么事？是比尔，比尔被正式调整任命为新一届的总裁了。"

　　不久之后，我们聚在了一起，比尔对我说："知道吗，现在的我不再将信念的法则看成是一种简单的理论了，更多的时候我与玛丽把它作为一种科学的精神法则，依靠它我们找到了解决问题的方法。有时回想起当初，我忍不住会感慨如果当初不是选择遵循良知的引导，那将会是多么可怕的一个错误。"

"自从我们3人聚在一起，一同祈祷过后，我便再也没有受过任何内心的煎熬。是内心的良知帮助了我们，它带着我们克服重重困难。"

是的，的确是这样。人生的道路上总会有困难和问题，玛丽和比尔也不例外。在后面的几年里，每当遇到问题，他们夫妇俩都会用相同的方法——祈祷。无一例外的，他们都得到了满意的答案。"把事情交到信念的手中"，是他们解决问题的最好方法。

想要解决问题，另一个有效的方法就是相信信念在你身边。当我们面对困难，遭遇挫折时，我们可以倾诉，可以依靠，可以从它那里得到帮助。所以请坚定你的信念吧，感受信念的伟大力量！

想要正确解决自己的问题，相信信念的力量只是第一步，接下来你需要练习感知信念的存在。尝试着将信念看作一个真实存在的个体。你将他当作身边的爱人，看作工作伙伴，抑或是亲密的朋友。学着向他述说自己的故事，你要相信他是个绝好的聆听者，相信他会替你思考解决问题的方法。信念会将他的思想输入你的脑中，你应相信他的答案是你最好的选择。若你真能按照他的旨意去做，怀着坚定的信念，收获的一定是胜利。

记得有一回，在西城扶轮社集会的演讲之后，一位先生来到了我的面前。他激动地告诉我，因为读了我在报纸专栏上刊登的文章，他大受启发。他那样形容说："它彻底改变了我的人生态度，挽救了我的生意。"

我很高兴。看着周围的人因为我简短的几句话而发生可喜的转变，那是一种心灵上的满足。

"曾经一度，我的生意走进了低谷，"他对我说，"当时的情况甚至可以用危在旦夕来形容。市场状况不稳定，规则程序也发生了变动，国家经济又处于动荡期，所有这一切叠加起来给我的企业带来了巨大的冲击，而就在那时，我看到了你的文章。在文章中你建议我们将信念视为伙伴，我记得你当时说的是'与信念合为一体'。"

"那是我第一次读到这样的话。它对我来说就好像是一场'头脑风暴'。在我的思想中，一直认为信念虚无缥缈，不可捉摸，不过是人们用来自我安慰罢了，并不能解决实际的问题。可是你却告诉我们只要整个身心与信念合而为一，毫不动摇，就会拥有无坚不摧的力量。这多少有些让人觉得不可思议。在那之后一位朋友给了我一本你写的书，我在其中又一次接触了你的理论。你用许多事实证明了自己的理论，尽管如此，我却依然保持怀疑，因为一直以来我都认为牧师不过是理想主义的理论家，他们并不懂得真正的商业问题，也不能解决真实情况下的问题。所以对你的理论我依然是不屑一顾。"他笑着说。

"但是有一天，一件有趣的事儿发生了。那是一个早晨，我沮丧地走进办公室，在那一刻我忽然意识到自己是时候好好清理一下大脑了。那些长期盘踞在心中的问题与困难缠绕着我。于是我想到了信念，我想到了你说的话。我关上了门，坐在椅子里，将头埋进自己的手臂里。不得不承认，在这么多年里我祈祷的次数几乎为零。可是就在那一刻，我祈祷了。有人将信念看作是最好的伙伴，但是我却不甚明了这其中的意义，也不清楚怎么做才是最正确的方法，在心中默念道：'至高的信念，我恳请你来到我的身边帮助我。我不知道你会用何种方式解救我，可我知道你会，我等待着。所以我在这里将我的生意、我自己、我的家庭、我的未来统统交付到你的手中，我将跟着你的指引前行。尽管我不知道你将如何向我传达你的旨意，但我已做好了聆听的准备。只待听到你的回答，我便坚定地照此履行。'"

"这就是我的祈祷，"他说，"在祷告之后我坐在写字台前，心里期盼着奇迹的发生，但是似乎什么都没有改变，唯一变化的就是我觉得自己心里有了一种先前没有的宁静与安稳，我感觉到了平和。时间缓缓过去，一切似乎依旧平淡无奇。夜晚静静过去。第二天清晨，踏进办公室，我忽然觉得格外快乐与轻松，我开始相信一切都会变好起来。这样的转变如此之快，快到连我自己都无法明了其中的缘由。我变得不再畏惧困难，这种态度上的变化不是昙花一现，我知道是上帝帮助了我。我不再是从前那个一蹶不振的人了。"

"我的内心感受到了平和与安宁。在这种情绪作用下，我不再沮丧与失望。从那以后我每天都要祈祷，我与信念对话，就像是亲密的同志一般。这样的对话不像教堂中的祷告，它们不是人与人之间普通的对话。就在这之后的某一天，我的脑子里忽然冒出了一个商业灵感，这样从天而降的感觉让我不禁自言自语：'这样的灵感到底是从何而来?'的确，我从来都没有想到过这样的方法，但我清楚地知道这样的选择不会错。为什么之前我从没想到过类似的方法? 或许是因为之前的思想太过疲惫而无法再焕发出活力吧。那时的我甚至无法正常思考问题。"

"我依着自己的直觉行动起来。不，这不应该称为是直觉，"他纠正说，"这是信念，我的伙伴告诉我的选择。依照脑中的这个方案，我积极行动了起来。结果一切很快就上了轨道。从那以后，新的点子与计划不断出现在我的脑子里，我的生意开始有了转机和起色。现在所有的情况都变好了，我成功地走出了荆棘林。"

他对我说："我其实并不懂得如何祈祷，我也不可能做到像你那样写出那么多有意义有帮助的书，但我想说的是，请用您的力量争取一切机会对那些商业人士说，只要他们学会把信念融入自己的生活，便可获得源源不断的创意。他们可以将自己的思想变为财富。这不仅仅是指金钱，尽管不可否认的，对于投资商来说取得真实的投资回报是一个基本目标。但是我相信，只要遵循信念的指引，他们能够收获的将不单单是钱，更重要的是他们能够学会如何面对困难，解决困难。"

这位先生的故事仅仅是我所遇到的众多成功者中的一个。我遇见过许多人，他们都运用与信念同在的生活法则。在我看来，这是一个帮助我们解决困难与问题的最好方法。很多朋友都亲身体验了它的神奇魔力。

一位商务专员告诉我，一直以来他都仰仗于自己发明的"大脑应急思考"法。他拥有自己的一套理论，听起来也十分有道理。在他看来在每个人的体内都藏有一个备用能源，这些能源与力量是为遇见某些紧急情况所预备的。在我们日常的生活作息中，这些力量不会被释放出来，它们只是安安静静地储备在那里，一旦遭遇某种特殊环境，机体就会自动调动这些力量，以做应急之用。

当一个人学会用信念的力量来指导生活时，他就能有效地利用这潜在的力量。信念可以控制这股力量的发挥，由此我们可以将其用于日常活动中。这也是为什么我们经常会看到即使在相同情况下，某些人依然能够调动比平常人更多的力量。无论是面对普通的任务还是遭遇危机事件，这些懂得运用信念的人都能够激发这潜在的力量，他们可以习惯性地调动并且利用自己的"应急力"，这对一般人来说是不容易做到的。

如果有一天你陷入了困境，你是否知道该如何面对它？你是否拥有明确的计划来让自己走出困难的泥淖？你是否拥有控制局面，不让问题进一步扩大的能力？其实面对困难，大多数的人都只有两种选择，或是迎面痛击或是消极躲避。可悲的是，我们很多时候选择的都是躲避。事实上，躲避根本无法解决问题。我强烈建议大家应该学会积极调动力量，思考解决问题的方法，设计克服困难的方案。

除了以信念之名，两三人一同祈祷的方法，树立将信念视为伙伴的思维模式的方法，以及学会利用潜在备用力量之外，我们还有一个非常重要的法宝，那就是练习并且保持积极的信念。只要我拥有信念，并且真正拥有它，那么我将有力量克服一切困难，跨过一切障碍，走出困顿的迷雾，它完全可以被用来指导我的整个人生。意识到这一点的那一刻，我觉得自己的生命充满了光明，那可以说是我人生中最美妙、最值得纪念的一天。无疑，在阅读本书的人当中有许多从未体会过用信念来支撑生活的经历，但是我希望你们可以从现在开始给自己一个尝试感受的机会，因为信念法一定会是人类最好的面对困难，解决问题的办法。拥有它，你便能成就一切。

"信心，就像一粒芥菜种"，的确如此。你可以借这颗信念的种子来解决所有问题，克服任何困难，只要你相信它，练习并且拥有它，所有羁绊你成功的障碍都会被一扫而空。信念越大，收获越大，如果你拥有信心，它必如芥菜种一般生根发芽，必会带给你意想不到的惊人硕果。

我的朋友莫里斯与玛丽·爱立森·弗里特的故事可以说是个典型。我与他俩的相识缘于之前写的一本书——《自信生活指南》。文章当时被刊登在《自由》杂志之上。那时恰是莫里斯·弗里特状况最糟糕的时候，他不仅丢了工作，还彻底丧失了做人的勇气。他对整个生活充满了恐惧与厌恶，可以说是我所见的人中最消极的一个。但是我心里很清楚地知道莫里斯其实是个非常好的人，他拥有一颗真挚善良的心，不过是一时间被自己的失败给弄昏了头。

莫里斯看到了我写的书，看到了"芥菜种般信念"的说法。于是生活在费城、拥有妻子和两个孩子的他，给我在纽约的教堂打来了电话。可惜因为某些原因他最终没能联系上我的秘书，但是他并没有因这一次错过而放弃机会，他再一次打来了电话，并且成功地得到了教堂服务的信息。这让我感到非常高兴，因为他的行为告诉了我他终于不再像从前一般容易放弃，不再为碰到一点小挫折就轻易丢掉争取的机会。于是在后面的一个星期天，莫里斯与家人一起驾车从费城来到了纽约的教堂里。记得当天天气非常恶劣，我不禁为他的坚持而感动。

我与莫里斯坐下来一同谈话，他几乎向我倾诉了自己的所有经历，并问我他是否还有扭转乾坤的希望。客观地说，在他的世界里，钱、环境、债务以及前途等等关系错综复杂，外加本身身份的复杂，更是让他的生活看起来像团乱麻，所以他面对自己的生活时才会感觉如此绝望。

了解到这些情况之后，我开始劝慰他，向他许诺只要他能学会正视自己的问题，依照信念的指示来改变自己的思维模式，学会并且利用信念的力量，那么问题就一定能够得到完满的解决。

在分析弗里特夫妇的情况时，我发现他们首先需要修正的是对待事情的态度。在平时的日常生活中，他们对周围人的态度不是十分友好，甚至有时还可以称得上是苛刻和尖锐。所以他们生活得并不快乐。在面对所有失败与不快时，他们总会将其归结到周围人"不干净"的行为上去。每天晚上他们躺在床上都会向对方抱怨自己如何遇人不淑，如何受到了不公的待遇。如此这般中伤他人，其实并不能缓解这对夫妇内心纠结的情绪。每晚他们都在这种不健康的气氛中度过，他们努力让自己进入梦乡，得到休息，但是结果却总是那么痛苦。

于是莫里斯·弗里特开始尝试学习如何获得信念。这样的念头一扎根便牢牢盘踞在他的思想中。最初的时间里，莫里斯的行动能力还比较弱，因为长期以来他习惯于用消极的态度来看待事务，处理问题，所以一时之间他还无法完全调动自己的力量与能量，但是凭借着内心的一股顽强劲儿，他一直都将"信心像一粒芥菜种，拥有它你必没有一件不能做的事"的道理铭记在心里。在不断的自我努力下，莫里斯终于坚定了信念。坚持不懈的练习也使他的信念力量得到了积累。

一日，莫里斯的妻子正在厨房里洗碗，他走进厨房里对妻子说道："每回在教堂做礼拜的时候，我总觉得自己很容易保持信念。可一旦过了那一天，其他的时间里，我总觉得要保持信念有一些困难。我总是不能完全地掌握它，有时甚至感觉它会从我的心里逃走。我想我需要在自己的口袋里放一枚芥菜种，这样一来每当我觉得自己的力量不够或者是内心不安时就能感受到它的存在，这样一来我也就能重新燃起希望、拾起信念。"他对妻子问道："真有芥菜种子这样的东西吗，它不会是只出现在《圣经》故事里的一个虚幻概念吧？我们家有这东西吗？"

妻子笑了，她对自己的丈夫说道："有，在泡菜坛里就有。"

从坛子里拿出几粒种子洗净后，妻子将它们递给了丈夫。"莫里斯，难道你不知道其实我们并不需要真正的芥菜种子，它们只是一个象征吗？"玛丽·爱立森忍不住问道。

"我不管那么多，"莫里斯回答，"既然《圣经》里提到了，我就需要它们。或许我正是需要这样的象征来帮助我维持信念。"

于是丈夫望着自己手心里的种子，喃喃道："这真的就是我的全部信念——这么小的一粒芥菜种子？"莫里斯凝望了这颗小东西许久，然后默默地将它放进了自己的口袋："如果每天我都能摸到它，那就可以长久地保持自己的信念了。"
可是种子太小了，他不小心把它弄丢了，于是莫里斯又去
坛子里拿了一粒，当然不过多久，他又把它弄丢了。一天，
当莫里斯再一次找不到他的种子时，忽然在脑子里蹦出一
个念头，为什么不将种子放在塑料小球里呢？这样一来他
就可以将那小球放进自己的口袋里又或者是挂在自己的手
表链上。如此一来，他就能时时刻刻地提醒自己，"信心像
一粒芥菜种，拥有它你必没有一件不能做的事"。

为了制作出这样的小球，莫里斯向一个塑料制造专家

咨询，询问是否可以将芥菜种子嵌入塑料制造的小球里面。因为如果可以用这种方式排除空气，种子就可以被长时间地保存起来。"专家"给出了答案是不可以，因为从来没有人尝试过这样做。这个回答显然是极不负责任的。

但是莫里斯没有放弃，他坚信只要拥有像"芥菜种子"一般的信念，他就必定可以用自己的力量做出这样一个塑料小球。于是莫里斯连续工作了几个星期，他不断地尝试各种方法，最后终于成功了。他做出了各式各样的人造装饰品：项链、胸针、钥匙链、手镯，并且将这些装饰品都寄送给我看。看到这些首饰，我惊呆了。这真是太美了，在点点的闪光里你可以看见一粒粒种子镶嵌在其中，若隐若现。在每款装饰品上面都挂着一张小卡片，上面写着"芥菜种的纪念"。卡片虽小，却足以向使用者提示它的真正意义所在，向每个使用者讲述"信心像一粒芥菜种，拥有它你必没有一件不能做的事"的道理。

莫里斯问我，他的作品是否具有商业价值。可是因为本人并无商业方面的远见，于是我将这些东西寄给了奥斯勒——《路标》杂志的商业咨询编辑。她又转而将这些宝贝交给了我俩的好朋友沃尔特·霍文先生——博维特泰勒百货公司总裁，国内首屈一指的商业主管人士手里。结果沃尔特·霍文先生一眼便看中了这些东西。让我感到意外，同时又万分高兴的是，就在几天之后，纽约的报纸上用了整整两版的篇幅大肆宣传介绍莫里斯的作品。报纸当时引用的标题是"信念的符号——镶嵌在玻璃里的神奇芥菜种"。在广告介绍里，我们还看到了《圣经》里的那段话："你们若有信心像一粒芥菜种……那么你们必没有一件不能做的事。"一夜之间，莫里斯制作的首饰卖疯了。现在整个美国，有数百家商店里都陈列着这些镶嵌着种子的玻璃制品，它们受到了大家空前热烈的欢迎。

弗里特夫妇如今在美国中西部拥有了一个制造厂，以生产"芥菜种的纪念"。他从一个彻底的失败者，到如今成为一个创造商业奇迹的成功人士。这个过程本身就可以算是一个奇迹。因为或许你也会像莫里斯一样找到一个灵感，从而转变自己的一生。

从上面的这个例子里，我们可以看出，一个灵感的产生不仅仅可以为当事人带来丰厚的商业利益，更重要的是，它同样可以将这种信念的思想传播给无数购买这些玻璃制品的人们。尽管这样的创意非常受欢迎，有无数人跟着效仿，但是"弗里特的芥菜种纪念"却是无可替代的。对于现代人来说，一件小装饰品带来的一夜成功可以说是一个完美的神话奇迹，但是请不要忘记在这一切背后，起到根本作用的是什么，是什么改变了莫里斯与玛丽·爱立森·弗里特的生活，改造了他们的思想，释放了他们的力量？是信念。是信念让他们不再消极，是信念让他们变得充满活力，从此以后他们不再是失败者，他们变成了积极生活的成功人士。他们不再憎恨，积极地克制了内心的恶念，并将这些信念转化成对他人的爱。如今的弗里特夫妇是一对重生之人，他们面貌一新、充满力量。从他们神采奕奕的脸上我看到了一种迷人的光辉。

如果你们去问莫里斯与玛丽·爱立森·弗里特，他们有什么克服困难的法宝时,他们一定会告诉你是"拥有信念,相信信念"。相信我,这是他们的肺腑之言。

如果你在读完这个故事后,依然悲观地认为弗里特夫妇之所以能够取得这样的辉煌是因为他们的情况没有你的糟糕,那么我想告诉你,纵观我遇见的那么多人,弗里特家庭当时的状况可以说是最可怕的。换个角度来说,如果此刻你感觉自己已经深陷绝境,那么更应该用本章中提到的这4个方法,像弗里特他们一样,相信你最终可以走过所有的风雨。

在本章中,我罗列了许多方法,它们都可以用来帮助人们解决生活工作中遇到的问题。希望在看了下面总结的9条内容之后你们可以感觉有所启发,可以真正照着去做并有所收获。

1.相信每一个问题都有相应的解决办法。

2.保持镇定。紧张只会让你感觉更加手足无措。在紧张的情绪下,人的大脑会无法正常有效地运作,所以请尽量放松自己的精神状态。

3.不要强迫自己去寻找答案。自由而随意地思考,这样真正的答案才能慢慢浮现出来。

4.公正、客观,不带个人感情色彩地评判事实状况。

5.将所有的客观条件与环境都罗列在纸上。纸条会助你理清思路,帮你将各种元素有机地结合起来。你可以一边看一边思考,这样一来,你不会再感觉一切回天无力,相反你会在其中看到希望。

6.坚信并且依靠信念的指引。

7．相信自己的直觉与智慧。

8．动用潜意识的力量来帮助你解决问题。精神世界里的创造性思维常常具有惊人的力量，它往往向我们揭示最"正确"的答案。

9．如果你能坚定地按照上述几步去做，那么你需要的答案就会慢慢浮现在眼前。它会在你的脑中一点一滴慢慢聚集成形，最后成为那个真正能解决问题的答案。

信念疗法

　　信念会是影响治疗的一个因素吗？许多例子告诉我们答案是肯定的。一度我也怀疑过这样的说法，但是太多的事实摆在我眼前，如今我不得不感叹信念的确拥有这样强大的作用。

　　我们发现，每当人们意识到信念的存在并且合理利用它时，信念便会释放出巨大的能量。这样的能量可以帮助人们战胜疾病，重塑健康。

　　信念之力可以治疗疾病。关于这一点，许多医生也与我持一样的肯定态度。有报纸曾经设专栏讲述采访维也纳著名医生——汉斯·费斯特罗的事情。在这里引用一下它的标题《信念握着医生的手》：

　　"相信'信念无形之手'的维也纳医生汉斯·费斯特罗因其杰出的贡献，被国际外科学院授予'优秀手术师'的最高荣誉称号。此人可以只用局部麻醉来进行腹部外科手术。"

　　"费斯特罗，72 岁的奥地利大学教授，曾经主刀 2 万多个手术，其中 8000 多例为局部麻醉的胃切除手术（切除部分或者整个胃）。在这位医生看来，尽管医学与医疗技术的发展日新月异，但是'即使这样的发展速度，依然无法达到最好的手术效果。在许多手术治疗过程中，有些人因为一个简单的小手术而失去了生命，有些人却在绝望中奇迹般地活了下来。'"

"'面对这样的现象，我们中有些人将其归结为某种不可预计的偶然性，但另一部分人则认识是信念的无形之手在操纵这一切。不幸的是，近年来，有许多患者和医生都彻底放弃了自我施救的机会。他们只是一味地等待着信念给予的奇迹。这也是不对的。"

"'当我们再次相信信念会对伤病之人进行治疗时，奇迹就会发生，我们将会转危为安。'"

这是将科学与信仰合二为一的伟大医师在最后为我们作出的总结。

我曾经在一个非常重要的国家商业会议上做过一次讲话。那是一次商品促销界的聚会，会上邀请到了许多广告界的领军人物，正是他们构成了美国商业界的一大支柱。

在大会的过程中，我遇到了一件非常有趣的事情。当时大会的组织者就在我身边，正当他兴高采烈地与周围的人讨论税收、成本以及销售问题时，忽然间转向我问道："你相信信念可以治疗疾病吗？"

"有许多成功的例子记录过人们曾经依靠信念最终战胜了疾病，"我回答道，"当然我不认为单单只靠信念就可以包治百病。我相信信念与医生的组合才是最好的选择。科学的信念结合科学的治疗方法，这样相辅相成的作用才能发挥最佳效果。"

"来听听我的故事吧，"那位先生对我说，"许多年前我被检查出患有颌骨骨瘤，也就是说在我的颌骨处出现了一颗肿瘤。医生对我说这是不治之症。你可以想象当我听到这个消息后的反应，我绝望地到处寻找帮助。尽管我定期去教堂参加礼拜，却算不上是一个严格的基督教徒。我很少读《圣经》，直到有一天，我躺在床上，脑子里忽然蹦出这样一个念头——我应该去看看《圣经》。于是我让妻子帮我去取，听到这样的要求她显然觉得奇怪，毕竟我从没主动去看过它。"

"我开始慢慢地翻阅起来，渐渐地感觉内心得到了一种安抚与慰藉。我因此不再那么泄气，相反心中多了一份希望。之后的每天我都会花更多的时候去看《圣经》，但这不是重点，我想说的是，从那之后，我感觉到自己的情况比从前好了很多，病痛的感觉也不再那么强烈。刚开始的时候，我甚至怀疑这是不是自己的一时臆想，但是后来发现事实状况的确发生了改变。"

"一天，当我读着《圣经》的时候突然感觉到了一股由内心升腾而起的快乐和温暖，这种感觉很难用言语来描述。但就在那之后，我的起色更加明显了。于是我回到当初的医生那里做了一次仔细的检查。检查结果让人大吃一惊，他们说我的情况的确好转了许多，但是也不排除是暂时性的现象。在一段日子过后，我做了一次更深入的检查，结果发现我的肿瘤消失了，可是医生依然告诉我它有再次复发的可能性。尽管如此，我却不再如从前一般惶恐不安，因为我的心告诉我所有的病魔都已经离我远去了。"

"那么从你治愈后到现在过了多久?"我问。

"14年了。"他告诉我。

我看面前的这个男人——结实、健壮、健康,他是我见过的最杰出的商界人物之一。这是一个完全真实的故事,它出自于一个商人之口,当然故事主人公的思想也没有任何问题。那么,是什么让这位已经被医生宣判了死刑的人能够起死回生,而且生活得如此神采奕奕呢?

是什么造就了这一切?答案是精湛的医术和一种神秘的力量。这力量的来源便是信念。在信念的支撑下,人们可以重获生命与健康。

以上这位绅士所讲的故事只不过是千千万万个例子中的一个,在如此众多的事实面前,我们没有理由不去相信在信念这种神奇的力量驱使之下,人们会克服疾病重获健康。但悲哀的是,太多的人忘记了它的作用。我相信信念可以创造所谓的"奇迹",但是即便是奇迹也是科学的精神力量作用的结果。

现在越来越多的人注意到了信念在帮助人们治疗疾病中所显现出的实际作用。信念可以治疗人们精神、思想、灵魂以及身体上的疾病。

现代的医学非常重视治疗过程中的身心互动作用,而医生们也越来越意识到在这两者间有着某种相辅相成、密不可分的关系,他们开始密切关注起病人的思想与感受。

哈罗德·薛曼,职业作家和剧作家,曾被聘为一家知名广播电台的文字编辑。依合约规定他会成为该电台的专职作家,但是在几个月的工作之后,哈罗德·薛曼辞去这份工作，同时他的作品也被四散传播。这不仅给他造成了巨大的经济困扰，同时带去了名誉上的损失。不公的待遇让哈罗德对这家广播公司的不忠行为大为恼火。用他的话来说，这段人生的黑暗时期，简直像是谋杀了他的心。内心的愤怒直接影响到了他的身体，薛曼患上了一种由霉菌感染引起的疾病，病菌在他的喉膜处生长。当时最好的药都用在了他的身上，却仍缺最后一剂辅方，那是他的宽容。所以当最后，这位作家完全放下心中的愤怒，用宽恕和理解来填补自己的心时，情况开始自发性地发生了逆转。医学的治疗和精神的帮助让薛曼最后战胜了疾病。

健康与快乐的生活其实离我们并不遥远，发达的医学理论和技术再加上经验式的精神法则可以帮助人们更好地享受生命的光辉。

在中央扶轮社的一次午宴上，我曾与9位先生同桌，其中的一位医生最近刚从军队返业回来，他说："自从部队回来之后，我就发现病人的情况发生了变化。其中很大一部分人真正需要的不过是改变他们自己的思维方式而非是某种药物的刺激和治疗。相比起身体，他们的心与思想病得更重。他们的思想中满是恐惧，他们感觉不安、自责以及愤恨。在治病的过程中，我发现自己不仅要做一个医生还要扮演精神病医师的角色。尽管如此，我还是觉得自己的能力有限。很多时候，问题的症结还是出在精神上。我会建议人们去看一些鼓舞精神的书，特别是一些能够指导人们如何去生活的书。"

说完这番话之后他将话头指向我说："现在应该是你们

牧师们登场的时候了，治病疗伤不再单单只成为医生的任务了。牧师不可能取代医生的工作，而我们也不应该再闯入你们的职责范围。事实上医生应该与牧师一起合作，以帮助人们获得健康和快乐的生活。"

我曾经收到过一封从纽约市寄出的信，来信者是位医生，他在信中这样写道："这座城市里有 60% 的人都得病了，因为他们的思想与灵魂都失去了平衡。灵魂的堕落与扭曲甚至开始让人们的身体器官出现病痛，可惜大部分人却对此毫无知觉。"

这位医生还告诉我，他将我的书《自信生活指南》以及其他类似的书籍作为心理辅导教程推荐给病人们看，结果都收到了非常好的效果。

伯明翰亚拉巴马州书局的经理曾经送给我一张医生的处方，这位当地的医生没有在方子上写任何药物名称，反而列了一系列书目单。这些书都是特意用来治疗人们的心病的。

卡尔·R.费里斯，密苏里州堪萨斯杰克逊医学院的前任校长，曾经与我一同参加过一个关于健康与快乐的广播节目。那是一段非常愉快的时光，他对我说在治疗疾病的过程中，病人的身体与精神是水乳交融的两个因素，它们对人体健康的共同作用根本无法严格区分开来。

几年前我的朋友克拉伦斯·W.利布向我指出精神和心理的问题会对人的健康产生极大的影响。在他的启发下我逐渐发现恐惧、自责还有害怕和愤恨，这些我平日需要处理的心理问题对人的健康以及生理的平衡有极大的副作用。在利布医生的眼中，史麦利·布兰登医生创立的宗教－精神心理诊所能在这几年里帮助了无数人恢复健康是完全有根据的。

已故的威廉·西曼本·布里奇医生曾经与我合作多年。我们将宗教与医学结合在一起，一同帮助了无数的人，为人们带去了健康和崭新的生活。

纽约市的两位医生朋友，Ｚ．泰勒·伯科维茨以及霍华德·韦斯科特也为我的工作提供了极大的帮助。他们医术精湛，同时能够深刻地理解信仰对于身体、精神以及心灵疾病的巨大作用。

"我们发现，精神上的疾病会导致高血压的产生，而病因之一就是对未来的恐惧。这种恐惧并不着眼于现在，它是人们对未来的一种不确定的压抑的害怕。"丽贝卡比尔德医生解释说，"人们通常会害怕未来发生的事。所以，在那样的状态下人们容易陷入幻想，甚至是编造出一些根本不可能发生的事。在糖尿病的案例中，我们发现悲痛以及失望要比其他的其他情况消耗更多的能量，所以胰腺细胞不得不大量地分泌胰岛素，直到最后筋疲力尽。"

"我们发现这些感情总是涉及过去，也就是说，它们总是生活在人们过去的记忆里并阻碍大家前进的脚步。药物可以缓解身体上的某种不正常状态，比如它们可以在人们血压高的时候帮助降血压，或者在血压低的时候帮助升血压，但所有的药物作用都只是短效的。胰岛素类药物帮助人们代谢糖类物质并且释放能量从而缓解糖尿病。它们尽管目标明确，却不能达到治本的效果。这世界上还没有一种药物或是疫苗可以帮助人们避免一切情绪的侵扰。更好地了解我们自身的情绪，并且回归到宗教的信仰中，这样的结合却是可以帮助我们一直保持健康与快乐。"

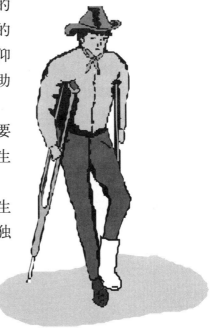

"问题的关键在于人们需要听从信念的指引。"比尔德医生最后这样总结。

无独有偶，另一位女医生也写信向我描述了她的高效独家秘方。关于这个物理信念疗法她这样说道："我对你的简洁易懂的宗教哲学理论非常感兴趣。因为我曾经也是个快节奏工作的人，一度紧张暴躁，有时还会为旧时的恐惧和罪恶感而深感困扰，我知道自己应该从这种病态的情绪中解放出来。于是在一天的早晨，我故意放慢了自己的节奏，我拿出了一本你写的书翻阅起来。这就是我最需要的药方。在那里我找到了自己的信仰。信仰就像是最有效的抗生素，帮助我抵抗所有恐惧与罪恶感的侵袭。"

"我开始练习书中所讲到的信念疗法。渐渐地，我感觉身上的紧张情绪在消退，取而代之的是轻松和快乐，同时我的睡眠质量也好了许多。我开始不再服用维生素和其他兴奋药丸。之后，"她继续补充了这段我想要着重强调的话，"我开始觉得应该将这个新方法与我的病人一同分享，因为

171

他们与我一样都有着精神方面的困扰，不过很快我就惊奇地发现，这其中有许多人都读过你的作品。这让我觉得自己与病人似乎建立起了一种默契与联系。这样的经历让人受益匪浅。与上帝谈论信仰，这是一件再自然与简单不过的事情了。"

"作为一名医生，"她说，"我亲眼见证了无数奇迹的发生。上帝为人类救死扶伤，他所给予人类的帮助实在是太多了。就在几个星期前，我就亲身经历了这样的一个过程。我的妹妹在 3 个礼拜前刚动完一次大手术，结果术后引发了肠梗阻。到了第 15 天的时候她已经变得十分衰弱了。中午从医院里走出时，我对自己说她一定要立刻好起来，不然一切就都完了，她不可能再痊愈了。我的内心万分煎熬，我用了 20 分钟的时间祈祷，保佑我的妹妹能够渡过难关（当时所有最好的医疗设施与方法都已经用上了）。接着我回到了家，没过10 分钟就接到了医院护士打来的电话，护士告诉我妹妹的肠梗阻已经缓解了许多，所有的状况都在向好的方向发展。最终，妹妹完全康复了过来。面对这样的一切，有谁能告诉我，除了信念，还能有谁为我们带来这样的奇迹？"

的确，事实就像这位医生信上所说的一样，信念为你带去健康与生命。

如果你想要借助信念的力量来与病魔抗争，那么最基本的一点就是要相信它，就像我们相信科学的真理一样。如果我们对信念抱有怀疑，那么它必定不能发挥真正的效应，我们也就无法看到理想中的结果。

有段时间，我收到了许多读者、听众以及教区居民带来的好消息：信念帮助了他们重返健康。我很高兴看到这样的结果，在他们的奇迹中，我感觉到了一种欣慰和满足。我还想大声地告诉那些疑心重重的人，生活本可以健康、快乐并且硕果累累，问题只在于人们是否有这样的信念。只有那些在潜意识里幻想着失败的人才会一直生活在病痛的黑暗之中。因为他们无法体会信念带来的希望与奇迹，他们失去了所有的机会。

　　我们将所有的成功事例抽象出来，可以得到一个简洁的公式，那就是结合医学与心理学的资源，同时动用科学的精神力量。只要信念愿意伸出他的援助之手，这便应该是最有效果的治疗方法，它会为人们带去幸福与安康。当然了，我们每个人最终都还是难逃一死（生命本身永远都不会停止，消失的不过是肉身）。

　　通过研究所有的成功案例，我发现了它们其中的一些共同点。第一，他们都将自己完整地交付给了信念。第二，他们将身上罪恶统统抛弃得一干二净，他们洗涤了自己的灵魂。第三，他们相信并且忠诚于自己的信念。他们坚定地认为，将医学与信念的拯救联合在一起会是最好的方法。第四，真诚地等待着信念的答复，无论什么样的结局，他们都无怨无悔地接受。第五，从不怀疑信念的力量。

　　在所有的治疗过程中，我们发现病人都非常期待得到周围人的关怀和理解。此外，他们内心的安全感也是力量产生的源泉之一。在所有我经手的病例中，无论病因和病理特征有多复杂，只要能够与病人心平气和地聊上一会儿，让他们感觉温馨、温暖、美好、宁静以及快乐，那么他们的病情就会得到缓和。有时候情况的转变就像是在瞬间发生的，人在刹那间就恢复了健康，而有些时候则需要我们慢慢地不断向病人灌输这样的情绪和思想，直到最终治愈。

有时我真的希望时光能够飞逝，因为我想证明自己能为他们带去永远的健康。我说过所有治疗取得的成果都不会是暂时性的，它们不会像昙花般一闪而过。

曾经有位女士给我写过一封信，信中讲述了她自己的治疗过程，在这里我很感谢她的信任与支持。信的内容让人印象深刻。她说自己因为被检查出长有一颗正在扩张的恶性肿瘤而需要立即入院手术。

引用原文的内容："所有的办法和措施都已经用上了，但是结果仍然不理想，病情没能得到控制。就像人们预想的那样，我陷入了无限的恐惧。我知道医生已经无能为力，在他们那里我已没有一丝希望，唯一能够帮助我的便只有信念了。于是，我做了祈祷。我开始将信念牢牢扎进心里，我将自己彻底交给了伟大的信念。"

"一天早晨，我一如往常在祈祷完后开始做起一天的家务，要知道这份工作可不轻松。正当我一个人在厨房里准备着晚餐用的食物时，忽然间发现患肿瘤的部位比以前轻松了许多，于是我决定将手头上的活停下来，看看病痛的症状是否真的得到了减轻。我试着做各种动作，不断加大难度，结果发现自己真的好了许多。我激动地对朋友们述说身上的变化，我感觉自己被重新注入了一股活力。

如今，15年过去了，我的身体在一点一点康复，今天我已经完全摆脱了疾病的困扰。"

在有关心脏病的案例中，信念疗法同样也能起到推进机体康复的作用。很多患者在听从了医生的信念治疗建议之后，都取得了惊人的恢复效果。他们都坚定地相信信念的治疗之力。心脏病的发作,让患者们意识到了自己的极限，意识到了过大的压力会摧毁他们的身体。所以，在经过信念治疗之后，有些病人甚至恢复到了比过去未发病前还要健康的状态，这是因为他们找到了属于自己的修复力。

信念疗法的作用不仅在于让患者恢复健康，更重要的是它让病人们明白了什么才是真正的幸福，明白了应该把自己置身于信念的重生之力中。想要感受此力的人需要在自己的思想里灌输有关信念之力的真理，想象自己正沐浴在力量的海洋里。只有这样病人才能打开自己意识里的活力之流，才能引入一直在宇宙中流淌的修复之力。一般的情况下，紧张、高压以及其他一些导致生活偏离的因素都会阻碍力量和能量的流通，而此时，信念治疗便可以帮助患者打开所有这些堵塞。

一个优秀的男士在 35 年前受到了一次严重的心脏损伤。医生告诉他，他将永远告别自己的工作，因为在他接下来的日子里将有很大一部分时间需要在病床上度过，他会像个没用的废人一样活着。而即便如此，他能继续活下去的时间也不会很长。在我们现在的治疗角度来看，很难想象当时的医生会如实地将一切情况告诉患者，但无论如何，病人还是知道了自己可怕的未来，他躺在床上仔细地想着自己的一切。

一天早晨，病人醒得很早，忽然间他想道:"我为什么不依靠自己的力量、依靠心中的信念来救治我呢?"他自问道。于是信念像雨露一样润泽了他的心田。

那天之后,他每时每刻都在心头坚定一个信念:我必将战胜病魔,彻底恢复健康。同时,他奇迹般地有了一种放松的感觉。日子一天一天过去,他开始慢慢确信自己的情况正在好转,有一股力量在体内不断扩大。最后一天,他这样祈祷道:"明天早晨我要穿好衣服,到外面走走,我还想在一段日子之后再回到自己的工作岗位上去。我对信念治疗非常有信心。在信念的帮助之下,我明天将会出发,我相信我会有足够的力量达成心愿。"

在这段平静的祷告之后,他开始增加了自己的活动强度,结果每一天他的活动能力都得到了提高。在后来这些年的职业生涯里,他一直都秉持这样的信念,从心脏病病发到现在已经过去了整整35年。75岁那年,他退休了。在我见到的无数人中,很少有像这位先生一样在工作时充满了活力和动力的人,他为人类的幸福和公共事业做出了巨大的贡献。每次,无论身体和精神到了何种紧张程度,他都会有一个雷打不动的习惯,那就是让自己在午餐过后躺下休息一会,也正是这个方法,他让自己卸下了所有的情绪负担。每天他都早睡早起,规律而有条理的生活,让他一直保持良好的健康状态。

在他的生活里你看不到忧虑、悲伤以及紧张的痕迹。他总是勤奋而又轻松地工作。

医生们的建议是正确的。若是他还坚持当初的生活习惯,那么或许他早已不在人世,又或者一直以一个废人的状态苟活着。是医生给了他相信上帝的治疗建议,他接纳了,并且成功了。如果没有经历这场心脏病发作,那么他也不可能得到治愈自己的思想或是精神问题的机会。

我还有一位朋友,是位知名的商业家,也曾经经历过心脏病突发事件。有那么几个星期,他被固定在床上,一动不动。但是现在他不仅重新回到了自己的工作岗位,更难得的是,比从前做得更为出色。他没有了过去的压力,像是拥有了一股新生的力量。他的康复过程依赖了一个科学的精神法则,正是这个法则解决了他的健康问题。朋友的医生也非常出色,他们给予他直接的治疗意见,这点对于整个康复过程来说也非常重要。

在手术与药物治疗的共同作用下,朋友还配合使用了信念疗法。在给医院的来信中他这样写道:"我有一位非常亲密的朋友,他才 24 岁,与我一样心脏病发作,可惜在送到医院后 4 个小时他便离我们而去了。在隔壁病房里的两位熟人也是相同的命运。我想我之所以能够大难不死,一定是因为还有许多没完成的任务等待着我去完成。所以我一定要恢复过来,以完成肩负的使命。我希望自己能活得更久,更精彩,因为信念给了我第二次生命。此外还要感谢医生、护士,对我悉心的治疗和照顾,感谢医生为我提供最好的医疗服务。"

他还总结出了自己精神康复的治疗方法。方法总共分为 3 个部分:(1)在第一阶段全身心放松修养,这是说他彻底放松自己并且将整个身心完全交到信念手中。(2)当情况逐渐好转,我开始用这句话来坚定自己的信念:"要等候,当壮胆，坚固你的心。"（《赞美诗 27：14》）病人虔诚地期待着信念的降临，而正如他所期望的，信念用双手为他治疗伤痛，并将健康交还给他。(3)最后重新燃起的力量让我再次坚定了自己的信念，他相信信念会赋予力量，并且真正感受到了这股新生命的能量。

信念疗法为患者带去了新的生活。这是因为医生为病人带去物理上的治疗，帮助患者恢复身体的健康，而与此同时信念疗法刺激了精神力量的释放，自然加快了康复的速度。两者双管齐下，正是对应了我们生命里最具活力的两个因素，其中之一是我们机体强大的自动修复能力，而之二则是精神力量里潜藏的支撑修补作用。前者针对医学治疗，后者针对精神治疗。信念则是将两者统一起来，他同时作用人们的身体与心灵，为人们带去健康与福音。

如果你想要抵抗疾病，恢复身体和精神的健康，那么就不要错过这样一个机会，尝试信念疗法，它会带给你意想不到结果。

当你或你所爱的人生病时，请按照这下面所列的 8 条去做吧。这是本章内容的最终小结。

1. 就如同一位杰出的医科大学校长所说的那样："生病了，那么去找你的医生以及你的牧师。"换种说法就是让我们相信精神力量的作用与医学技术一样重要，两者都会直接影响我们的治疗效果。

2. 为医生祈祷。有位医生曾经这样说过："我们医人，信念救人。"所以祈祷吧，医生将会为你打开一条通向信念的救助之路。

3.无论你做什么，都不要让自己变得惊慌或者恐惧，一旦培养了这样的情绪，消极的态度将会传播开去。你的所爱之人需要拥有积极健康的思想来支持他战胜病魔，所以不要让你的悲观情绪影响并且破坏他的思想。

4.记住信念永远都要按律行事。我们的物质规律不过揭示了整个宇宙能量流动的部分内容。精神规则同样也控制着人们的生老病死。伟大的信念同时掌控着两个疾病的补救办法：一是通过应用科学的自然规律，另一则是依靠信念利用精神法则来消灭人们的病痛。

5.将你的所爱之人完全交付到信念手中。通过信念你可以将他置身于上帝的力量之流中。在那里人们可以得到治疗，但为了达到理想的效果，病人需要彻底地放松并跟从信念的指引。这点理解起来不容易，而做起来就更难，但只要你拥有强大的意念，一心想着让所爱之人重获生命，并且愿意彻底将他交给信念，那么奇迹就一定会发生。

6.家庭的和睦也同样重要，这里指的是精神和睦。记住不和谐与疾病是等价的。

7.在脑中想象你所爱之人正在健康快乐地生活，想象他正享受着生活的一切美好，想象他正沐浴在上帝的爱与仁慈的光芒之下。人总无法不去想生老病死，有 9/10 的时间潜意识会控制人们的思绪，所以让健康的画面潜入你的潜意识里，这样你的大脑会将这些信号转变成为积极的能量。人们总容易把潜意识的画面转变为现实，所以除非用信念控制你的潜意识，否则好运将永远不会光顾，因为潜意识只对人们心中真正挂念的东西起作用。如果思想消极，那么结果自然会是让人失望的，而积极地看待一切的人将会得到乐观的结果，就能达到所谓药到病除的效果。

8. 做到一切顺其自然。祈祷救治你所爱的人。这是你用心许下的愿望，所以向伟大的信念请求帮助吧，我们建议你用"请"字，不过只用一遍即可。拥有坚定信念的你定可以释放深层次的精神力量，同时收获快乐。记住这样的快乐会一直伴随着你，并且成为你战胜疾病的力量源泉。

健康法则的应用

一天一位女士来到药店，向药剂师讨要治疗心身疾病的药剂。

药剂师犯难了，药架上根本找不到她所需要的药。但是不要急，这个世界上还存在着一种适合所有人的配方，那就是用祈祷加信念再拌上积极的人生态度。

各种调查统计的结果告诉我们每天有 50%～75% 的人都处在疾病的状态中。不健康的情绪会直接影响人的生理状态，并最终导致疾病的发生。想要从病痛中解救出来，人们可以选择使用下面所讲到的这个健康公式。只要遵循医师的指导，这个方法将会帮助人们重获健康。

专门针对精神和情绪方面的治疗，可以大大缓解人体能量的流失，此话源于一位销售经理的亲身经历。当时的他正处于人生的低谷期，能力的丧失和精力的涣散让这个从前高效、活力四射的人完全失去了光彩。他不再拥有积极的创造力，过去销售上的种种奇思妙想也不再出现在他的脑子里，辉煌的业绩也成了历史，他的思想源泉就此枯竭了。日渐萎靡的情况看在同事们的眼中，在他们的强烈建议下，销售经理找到了家庭医生寻求帮助。不仅如此，公司还特意送他去大西洋城休假，转而又去佛罗里达，希望能够有助于他恢复状态。可惜，两次旅行都未能达到预期的效果，情况没有丝毫好转的迹象。

就在这时，他的个人医生向公司主管提及了我们的"宗教——精神治疗诊所"，并建议安排一次见面。于是在主管的要求下，销售经理来了，带着他的满腔愤怒走进了我们的办公室。

"把一个生意人送到一个牧师那儿真是一件愚蠢透顶的事，"他愤愤不平地说，"我想你大概正准备为我做祈祷，或是要读《圣经》给我听吧。"

面对他的怨气，我平静地回答道："这没什么不对，有些时候人们在面对困难会感觉无所适从或是无能为力，但做祈祷却能带给我们积极的力量，帮助我们走出困境。"

销售经理却是一口拒绝了我的合作要求，他以最漠视的态度面对我，直到最后我不得已拿出威胁的口吻对他说："我可以坦白地告诉你，如果你再不好好配合，到时候就等着被公司炒鱿鱼吧。"

"谁对你这样说的?"他着实被吓了一跳。

"就是你的老板，"我回答，"事实上，他说除非我们能够在这里把你彻底治好，否则他也只能忍痛割爱把你开除出去。"

那刻，他的脸上写满了震惊："那你觉得我应该怎么做?"他说得有些结巴。

"通常，害怕、不安、紧张、痛苦、负罪感等等情绪或是它们的复合物会让人们陷入一种消极的状态。一旦陷入了这样的状态，并且当这些情感阻碍因素积累到一定程度时会让人们感到无力承受也无法释放，因为那些原本处在正常状态下的情绪、精神以及智力都被封锁了起来，所以人们会感觉陷入到了痛苦、恐惧或者是罪恶的泥潭。我不知道你的问题出在哪里，但是我希望你可以把我当成是一个可以互相交心的朋友。你可以完全信赖我，告诉我所有关于你的事情。"我向他强调只有当他将一切都毫无保留地告诉我，将心中所有的惧怕、痛苦，或者是罪恶感都向我倾诉时，我才能帮到他。"我可以保证我们之间的所有谈话内容绝对不会外泄，而公司想要看到的不过是从前那个积极奋发的你。"

于是他放开了戒备，问题也随着谈话的逐步深入而渐渐显山露水。原来他曾经参与过一些违法活动，其中还包藏了无数复杂的谎言，所以他整天生活在恐慌中，害怕东窗事发。他的内心正为此而折磨得混乱不堪。过去犯下的错误成了他人生中的一大污点，无论如何都清洗不掉。

客观地说，这位先生本身是个正派的人，和他谈话不太困难。他时刻都在为自己的罪行感觉耻辱和后悔。于是我安慰他，告诉他我理解他不愿启齿的原因，但是若想要彻底治愈他的心理疾病，首先需要做的就是要将所有藏在心里的东西倾吐出来。

他听从了我的建议，当讲完自己所有的过去之后，我看到了他的反应，那真是让人难忘的一幕。他起身，伸展开四肢，踮起脚尖，把双手伸向天空，深深地吸了一口气。"天啊，"他说，"我果然觉得好了许多。"戏剧性的转变发生了，他不再执着于自己内心的罪恶，他的情绪得到了缓解。接着我建议他做祈祷，以获得内心的平静与安宁。

"你的意思是让我大声地祈祷吗?"他迟疑地解释道，"可我没有这样的经验。"

"没关系，"我鼓励他，"这不难，而且祈祷对你来说会非常有帮助，它会让你找回力量。"

于是他做了一个简单的祷告，至今我还清楚地记得他说的全部内容："我是一个罪人，我为自己所犯的过错而感到羞耻。我现在将这一切都告诉了身边的这位朋友。我现在请求宽恕，希望这样做能帮我找回内心的平静，能让我变得强大，以抵抗再次陷入过去的错误中去。让我重获自由，成为一个崭新的人。"

祈祷结束后，他回到自己的办公室。一切又都恢复如初。他重拾往日的自信，大踏步地向前进。那个优秀的销售经理又一次出现在了公司里，出现在大家眼中。

凑巧在那位先生康复后不多久，我遇见了他的公司主管，主管高兴地对我说："我不知道你对比尔做了什么，不过他现在的表现实在是太好了，他拥有像火一样的工作热情。"

"我没做什么，是信念帮助了他。"我回答道。

"是的，我明白。不管怎样，从前的那个比尔回来了。"

以上的例子告诉我们，当一个人的活力下降时，可以尝试上面所讲的信念法则，它能帮助人们找回往昔的激情。那位销售经理正是用了这样一剂治疗身心疾病的"药方"，才治愈了他的心理问题，重塑了他的精神世界。

　　美国科罗拉多州医学院的富兰克林·伊博医生曾把医疗过程中的病例情况大致分为3类，一类属于纯粹生理器官上的疾病，第二类是结合了情绪问题和器官问题的疾病，而第三类则是完全的精神问题。

　　佛兰德斯·邓巴医生，健康与心理学方面的专家说过："疾病的关键不在于划分是生理还是心理问题，而是要知道两者各占多少比例。"

　　医生经常会给病人一些情绪上的告诫，比如他们会劝解人们尽量避免怨恨、愤怒、忌恨、憎恶以及嫉妒和报复的心理情绪，因为这些情感都会危害身体的健康。通常情况下，聪明人都会明白医生的这些忠告。很多时候，当我们陷入怒火中烧的情绪中时，能明显感受到自己的胃也在燃烧，而事实上，这时候我们正是在伤害自己的胃。人体在情感爆发的时候会发生许多剧烈的化学反应，同时也引发一系列的疾病。将这种激烈的、沸腾的状态维持一段时间，人体机能将会迅速发生恶化。

　　一位知名的医生曾经这样对我说：人们都是因嫉恨而死的。在他看来死亡是因为长时间的嫉妒和怨恨。"因为这个原因，机体受到了破坏和损伤，抵抗力开始下降，"他解释道，"当外界疾病开始蔓延侵袭个体时，人便失去了抵抗疾病、恢复健康的能力。人类就是因为自身存在的恶念而破坏了机体的健康。"

　　来自旧金山的查尔斯·迈纳库珀医生在一篇名为《心对心的建议——谈心脏疾病问题》的文章中这样写道："你必须抑制自己的情绪活动。我遇到过一位病人，只要一发怒，他的血压就可以立刻飙升 60 个单位。可想而知，这样的结果会对心脏造成多大的损伤。这个世界上有许多'急脾气'的人，这些人总会为一点小错或是过失而冲动得责怪周围的人。在他们身上缺少一种冷静与克制，所以他们最终都无可避免地陷入了混乱而又无法可挽救的状态。借用苏格兰著名医生约翰亨特的例子，医生自己也是一名心脏病患者，所以非常明白情绪刺激对心脏的伤害。他说自己的一生都在努力学会宽恕和忍让，不让自己因为他人的过失而生气。但是最后他还是没能完全做到这一点，他忘记了自己的戒条，死于心脏病突发。"

库珀医生文章最后这样总结："当生意上的问题让你恼怒，或是其他事情惹你生气时，请记得让自己放松下来。这会帮你分散在内心不断积累起的混乱。健康的心脏需要一个快乐、平和的居住环境，所以你需要有足够的智慧来控制所有生理、精神以及情绪的活动。"

因此我建议，当发现自己的情绪不稳定时来做一个彻底的自我分析。诚实地考究自己是否包藏了憎恶、愤恨或是嫉妒之类的情绪，一旦发现了这些情绪的踪影，请立刻将它们清除出去。将这些恶念毫不犹豫地扔出自己的思想之外，因为它们除了一味地伤害你的身体，根本不会对其他人造成任何影响，更不会伤到你所痛恨的人分毫。它们只会日复一日，不分昼夜地噬咬你的心。许多人不曾因为吃坏东西生病，却反被自己的情绪吞食而损害了原本的健康。情绪上的疾病会让人变得兴奋，它侵蚀人的能量，削弱人的效率，最后危害到机体的平衡，自然它也带走了你原本的快乐生活。

所以从现在开始我们要逐渐意识到思维模式对生理状态的作用，我们要清楚了解人可以通过愤怒而让自己生病，要明白罪恶感会引发人体各种身心疾病。不仅如此，恐惧与不安也会显示相似的疾病症状。因此总的来说，只有让思想发生转变并且恢复到正常状态，疾病的治疗才会收到效果。

就在最近，一位门诊医生告诉我一个真实发生的故事。一天医院接收了一位高烧 38.8 度的病人，此人患有风湿性关节炎，关节肿胀的情况非常严重。

为了能够彻底详尽地研究患者的病因，医生只给她开了一些镇静止痛的药物。两天之后，年轻的女孩向医生提出了疑问："我这样的情况还会持续多久，我还要在医院里待多长时间？"

"我想我必须告诉你，你大概要在医院里待上至少 6 个月。"医生回复她说。

"你的意思是说我还得等上起码 6 个月的时间才能结婚？"她反问。

"对不起，"医生说，"但是我想这已经是最保守的估计了。"

就在对话结束的第二天早晨，病人体温恢复了正常，不仅如此关节处的肿胀也消失了。没有预计到这一切的医生在对女病人进行了几日的连续观察之后便放她回家了。

但是一个月之后，年轻的女孩又一次被送到了医院，情况与之前完全一样：高烧 38.8 度，两处关节严重水肿。在调查询问后，医生得知原来这位女孩的父亲坚持让她嫁给一位先生，以期帮助他在商业上取得更大的成就。女孩非常爱自己的父亲，希望自己可以帮助父亲完成愿望，但同时她又不愿意嫁给一个她不爱的男人。所以在潜意识里，她四处寻求帮助，最终弄得关节炎发作，并且高烧不退。

医生发现了这一症结，并对孩子的父亲说明了整件事的前因后果。医生告诉父亲如果他一直强迫自己的女儿出嫁，那么她的病会一直反复发作，并且永远都不可彻底康复。父亲妥协了，当女孩得知自己不用再面对一桩她不愿意的婚姻之后，病情立刻得到了缓解，数日之后就完全康复了。

当然，读者们不要认为关节炎就等于选错了结婚对象！以上的例子是为了告诉我们精神上的痛苦可以对肉体造成极其严重的影响。

我曾经读到过一段非常有趣的话，它出自于一位心理学家，讲的是婴儿可以"捕捉"周围人的恐惧与愤恨，并且捕捉的速度要远快于麻疹或其他传染性疾病的传播速度。恐惧的病毒分子会深深埋藏在他们的潜意识里，陪伴他们一生一世。"但是，"心理学家补充道，"也有许多幸运的孩子，他们捕捉到的是爱和善良以及信念，所以在往后的日子里他们一直都是在健康快乐的情绪中生活和成长。"

《妇女家庭》杂志中有一篇文章，作者康斯坦丝·J.福斯特引用了天普大学医学院爱德华·韦斯医生在美国医师学会的演讲中的一段话。根据韦斯的观点，所有慢性肌肉疾病和关节疼痛的病因都可以追溯找到一个长期压抑的生长环境，这种积郁状态是由身边亲近的人所带来的，并且在不知不觉中渐渐形成了一种慢性的积怨。

"在这里我们需要澄清一些概念，"作者解释道，"首先要强调的一点便是消极的情绪和感情就好比是引发疾病的细菌，两者甚至可以说是别无二致。消极情绪会引发疼痛和疾病，这不再是一个空口无凭的说法，它与细菌的作用机制其实是一样的。更糟糕的是，人们会习惯性地在无意识的情况下将疾病想得比事实情况严重许多。有很多人，虽然他们的神经系统没有问题，但在情绪上却是一团混乱，这通常与婚姻以及亲子关系有关。"

在《妇女家庭》杂志上还刊登了另外一则故事。某夫人来到医生办公室抱怨自己的双手一下子长出了许多湿疹。医生建议她详细复述一下最近发生的事情，在她的讲述过程中，大夫发现病人对自我的要求很高，从外表上来看，她的嘴唇很薄，显得异常刚毅，此外她还有关节炎的病症。医生觉得她的问题应该是出在心理上，便推荐她去看心理医生。于是，夫人来到了心理医生那儿，心理医生一看便明白了问题的成因。原来她的生活一度过得非常不平静，激动的情绪引发了皮疹，导致在后来的日子里让她不自觉地转变成了一个对人对事都十分苛刻的人。

于是，医生直白地问自己的病人："有什么事正在困扰你？"他问道，"你正因为某件事而生气，我说得对吗？"

"那位夫人听后坚决地站了起来，她僵硬地走出我的办公室。我知道自己说中了她的心事，但因为太过直接她一下无法接受。结果几天之后，她又一次出现在了我的办公室里。因为湿疹的困扰，她不得不求助于我。这也意味她最终决定放弃自己的愤怒。"

"她的问题出在家庭里，她觉得自己没有得到与年幼的弟弟相同的待遇。每当她消除敌意，放弃与弟弟争吵之后，湿疹也就在 24 小时内自动消退了。"

不光如此，据 L.J. 索尔医生的研究表明，情绪的混乱在一定程度上还与我们平日里经常见到的感冒有关。这位来自于宾夕法尼亚大学医学院的博士，一直致力于此项研究工作。

"情绪的混乱会直接影响鼻腔与咽喉内部的血液循环，同时也会影响腺体的分泌功能，所有这些因素最终都会导致黏膜敏感，使得机体更加容易为感冒病毒以及细菌感染。"

（纽约州）哥伦比亚大学的埃德蒙·P. 福勒医生声称："在医学院中每当临近考试，学生们之间总会流行起感冒。大部分人在旅行前后也极易染上伤风。当家庭主妇需要一下子照顾看管一大家子人时，她的体质也会变弱。我们经常会发现当岳母搬来同住时，女婿会立刻沦为感冒的奴隶，而当岳母搬走后，病又自然而然好了。"（当然，福勒医生并未确定是否真是岳母或是婆婆的出现造成了女婿或媳妇心理上如此大的压力，或许这些妈妈们本身就带有容易传染的感冒病菌。）

在福勒医生的报告中还列举了一位 25 岁女店员的病例。女孩来到诊所时鼻塞，眼睛红肿充血。她告诉医生自己不仅头痛还发低烧，相同的症状已经持续了整整两个星期。于是福勒医生仔细询问了女孩发病前的各种情况，结果发现所有问题都可以追究到她与未婚夫的一场争吵上。就在争吵结束后的几个小时，女孩的病发作了。

医生对女孩做了基本的处理治疗。奇怪的是，几个星期之后，她因为二次感染又来到了诊所，这次是因为她与

小贩发生了口角。在简单处理之后，她回了家。但是打那以后女店员开始不断重复感染，每次感冒发作都无一例外与她的急脾气有关。最后福勒医生告诉她，这样反复的慢性感冒发作只可能是脾气太过暴躁的缘故。医生告诫女孩要时刻注意自己的言行举止，要努力保持平和的心态。女孩做到了，结果所有鼻塞打喷嚏的症状都消失了。

《圣经》里说人不应嫉恨和愤怒，但在现代社会里，有许多人却把这看成是一种单纯的"教条式说教"。《圣经》不是教条，它是这个世界上最具智慧的一本书，是它告诉了人们应该如何健康地生活。现代医学向我们证明了生气、愤怒以及负罪感让人变得虚弱，这正是《圣经》所要告诉我们的真理。《圣经》指导人们如何才能获得幸福，可惜许多人都无视它的价值，或是简单地将它视作一本宗教书，没有发现它事实上更是一本实践之书。尽管如此，《圣经》

依然是世界上最畅销的书籍之一，对照它我们可以不断找寻自己身上的过失，不断修整自己的言行举止。

福勒医生曾向人们呼吁要重视"情绪感冒"，这主要是指儿童心理问题。年幼的孩子容易对外界环境感到不安全，在福勒的报告中列举了许多相关案例。在他的报告中发现来自于单亲家庭的小孩多患有慢性感冒的情况。此外，年长的孩子还会因为家里有了新生儿而产生忧患意识，从而不断引发呼吸道感染疾病。一个 9 岁大的孩子有一位独裁的父亲和一个纵容他的母亲，父母双方截然相反的教育态度给小孩的心理造成了极大的扭曲。他极度惧怕父亲的惩罚，所以几年来咳嗽、流涕接连不断，只有在离开父母去外面野营的时候，感冒症状才会全部消失。

因此，我们说恼怒、气愤、怨恨以及仇恨是疾病的强力诱导剂。那么面对这些情绪的时候我们又该如何抵挡它们，不让自己受到伤害呢？答案很明显，那就是用积极、宽容、信念、友爱以及冷静的思想来填充我们的大脑。想要做到这一切，请遵照以下所列的几条来操作。许多人用亲身经历向我们证明了这些方法的可靠和有效，他们都成功地控制住了自己的情绪，不再为暴躁所困扰。经常练习这些方法的人会逐渐从中体会到生活的奥秘，品尝到幸福的味道。

1. 记住愤怒是一种情绪，而一般情绪总是火热的。因此想要减弱一种情绪，首先就要将它冷却下来。我们怎么才能做到冷却情绪？当一个人生气发怒时，拳头通常会不自觉地握紧，声音会陡然升高，肌肉会开始绷紧，接着身体会进入一种僵硬状态。（根据心理学上的分析，通常情况下，这时的人已经做好了战斗的准备，肾上腺激素也随血液被运输到人体各个部位。）这正是原始人类遗留在我们现代人身上的一部分特征。所以如果我们想要为情绪降温，就需要有意识地将情绪冷冻起来。我们需要动用意念的力量，让手掌不再握紧，要让自己的手指自然地舒展开去。我们要刻意降低自己的音调，让它轻得像是在耳语一般。没有人能在窃窃私语中争吵起来。此外我们最好能让自己坐在椅子里，如果条件允许最好能选择平躺，因为躺着的人不太容易激动。

2. 大声对自己说："别再傻了，生气帮不了我什么忙，所以忘掉它吧。"或许在那一刻你很难平复自己的心情来做祈祷，但是无论如何都请尝试一下。所以你不该执着自己的愤怒，将一切恼怒都抛开吧。

3. 愤怒通常是由点滴的摩擦累积而成，当这些小情绪集结到一定程度后就爆发出来。单独分析每个让人气恼的小事情，其实都是微不足道的。但当它们互相叠加在一起之后，情绪就很容易失控。它们会聚集成一股心火，由内而外燃烧开去，而在刹那的爆发之后又让我们追悔莫及。所以，把所有激恼我们的事件都一一记录下来。不要认为这是在小题大做，也不要认为这样的行为是愚蠢无聊的。只管把一切都列在单子上。这么做的原因是希望我们能够释放心中的不快，让这些恼人的情绪不再集结起来，从而避免怒气的爆发。

4. 为每件让你恼怒的事情做祈祷。每次只立一个目标对象，然后努力战胜自己心中的那股情绪。不要妄想一次就可以彻底熄灭你心中所有的愤怒，它们的力量是很坚固的，只有依靠不断地祈祷才能一点一点将它们清除，只有这样我们才能最终完全扫清自己的愤怒。这样的工作不可能一蹴而就，我们必须借助祈祷来削弱内心的怨恨，直到完全能用意识来调控自己的情绪。

5. 训练自己一旦发现有情绪波动的征兆，就刻意告诫自己："它值得让我那么激动吗？这会显得我愚不可及，甚至是失去全部的朋友。"如果你想让这个方法更加有效，那么请每天都对自己说上几遍："没什么值得我激动和紧张的。""它不值得我花那么大力量去生气，这简直就是在浪费我的情感。"

6. 当你感觉受伤时，请立刻将心中的委屈释放出来。不要让这种情绪渗透到血液中去，那会让情况变得不可收拾。做些分散注意力的事情，不要让自己掉入到自怨自艾的圈子中去。不要闷闷不乐地将一切都看得特别灰暗。情感上的创伤其实与身体上的创伤一样需要即刻包扎治疗，否则一旦蔓延恶化，病情将会变得更加严重。所以当我们心灵受伤时，就向上帝祈祷吧，就像是割伤了手指需要抹上碘酒一样，爱和宽恕是最好的药膏。

7. 遇到委屈要及时宣泄。这是说着我们要尽量放开自己的思想，让受伤的情绪及时排解出大脑之外。找一位你完全信赖的朋友，在他面前将所有的苦恼和悲伤都倾诉出来，不要有一丝保留，这样你就能将所有的不愉快都抛到脑后。

8. 为伤害了你的人做祈祷，直到你觉得所有的憎恨都已经消退。有时候你需要花很长的时间来完成这项任务。有位先生告诉我，他曾经数过自己的祈祷次数，那次他用了整整 64 遍才将自己心中的愤怒平息了下去。在这个过程中他清楚地感受到了祈祷带来的转变。

9. 祈祷，同时将希望化为行动（或者祈求信念的引领），你将感到前所未有的释怀。

10. 要懂得宽恕。需要 70 乘 7 的反复练习，也就是说我们需要通过 490 遍的祈祷来彻底原谅一个人，也只有那时，我们才能完全从憎恨中解脱出来。

新思想，新自我

正如威廉姆·詹姆斯所言："人们可以通过改变心态来改变生活，这可以说是我们这一代人最伟大的发现。"只要你心里这样想，就能在行动中有所表现。摒弃过时的旧观念、旧思想，不断吸取富有理想、爱心和仁慈的创造性新思维，你就能慢慢重塑自己的生活。

一个人的想法完全可以引领他的生活，可以带他走向失败或是不幸，也可能带他走向成功以及幸福。你的世界并非完全由周围的环境所决定，很多时候它是由你的惯性思维方式所主导。记住古代思想家马克·奥勒利乌斯的一句箴言："思想决定人生。"

拉夫尔·沃尔多·爱默生，美国的文明之父，相传是美国历史上最英明的人。他曾经说过："一个人的人生就是他整天所想的那些事情。"

有位著名的心理学者说："你整天把自己想象成什么样的人，就很可能成为那样子的人，这是生命的一个最显著的趋势。"

　　人们认为，所谓的思想，实际上就是一切动力的源泉。我们很容易从一个人表现出来的力量来判断他的能力。想法可以立足于现实，也可以脱离实际。一种思想能使你消沉，同样，换一种思想之后它有可能激励你奋发向前。你的想法会在周围营造一个与你的潜意识相符的环境，所以当改变想法之后就有可能营造出另一番不同的景象。思想源于环境，但更能改造环境。举个例子，给物体施加一个正方向的力，物体就会产生一段正方向的位移。同理，积极的思想会在你周围创造一个有助于产生积极结果的氛围，反之，消极的想法则会创造一个有利于不良结果产生的环境。

　　想要改造你周围的环境，首先就要改变自己的思维模式，不要只是被动地接受不利环境的条件刺激，你需要在脑中构想一幅理想的蓝图，胸有成竹、坚定不移地去实现每一个细节。心执一念，矢志不渝，为它祈祷，为它奋斗，你终会依照自己的意念来实现它。

　　这是宇宙最伟大的定律之一。我多么希望自己能够在年轻的时候就明白这个道理，但事实上，我花了很长的时间才最终领悟到了这其中的真谛。懂得了信念的力量，我想这可以算是我人生中最有意义的一个发现了。

　　这个定律清晰明白地向我们说明了这样一个事实：如果你从悲观消极的角度去思考问题，那么得到的将是悲观的结果；但若你能从积极乐观的角度去思考，得到的就会是积极的结果。这个定理看起来简单，却一直都是人们获得成功最坚实的基础。用4个字概括起来便是：信念——成功。

　　关于这个道理记得当时还有一个有趣的小插曲。几年前，我和洛厄尔·托马斯、开普敦·埃德·里根贝克、布兰切·里克、雷蒙德·索恩博格以及其他人一同创办了一个名为《路标》的杂志，其中讲述的主要是一些有关心灵自助的内容。开办这本杂志的主要目的是为两点：一是向大众介绍一些人的成功经验，用他们借助信念克服困难的故事，来教导人们如何成功地克服心理的恐惧，减小不良环境的影响。并希望能够借此帮助读者跨越障碍，消除消极情绪，以取得最后的成功。我们希望能够教导人们懂得如何利用信念来击败所谓的不利因素。

另一方面，这是一本非营利、不带宗派主义的各种信仰共存的出版物。它宣扬上帝的存在，认为我们的国家是建立在对上帝和意志的信仰上的。

它告诉读者们，美国是历史上第一个建立在明确的宗教信仰上的国家，我们只有继续保持这种信仰，才能让自由和民主的精神继续蓬勃生长。

在这本杂志创立之初，作为出版商的雷蒙德·索恩博格和作为编辑的我根本没有多余的资金作为保障，一切都是凭着信念开始的。我们最初的办公室位于纽约一个名为鲍林的小村子里。在杂货店的阁楼上，一台借来的打字机、几把摇摇晃晃的椅子就是我们的所有家当，当然，我们还拥有强大的思想和坚定的信念做支撑。慢慢地，我们的订单达到了 2.5 万份，未来似乎是一片光明。然而，就在一个无声的夜晚一场毫无征兆的大火降临了，短短一个小时就把出版社里的所有财务都烧干净了，这其中还包括全部的订单。更倒霉的是，当时我们还没来得及准备任何副本。

洛厄尔·托马斯，《路标》创立时就加盟的忠实而又能干的赞助人，在无线广播上报道了我们的悲剧。结果，很快我们就收到了近3万份的订单，里面包括全部的老订户和许多新的订阅者。

当我们的订单数达到4万份时，杂质的发行成本也开始水涨船高。为了能够让它进一步普及到更多的人群中去，杂志是以低于成本的价格出售的。可是因为实际成本高于原先的预算，我们面临了严重的经济危机。有一阵子，我们都以为它可能无法再继续出版下去了。

就在这紧要关头，我们所有人召开了一次会议，当时的气氛一片阴霾，相信再也没有比这更加悲观、消极和令人泄气的会议了。到哪里可以筹措出

一笔钱来渡过这次难关呢？我们甚至想到了剜肉补疮的办法，无力的感觉充斥着整个大脑。

当天的会议我们邀请到了一位尊贵的客人。之所以邀请她来是因为在上一次的《路标》剪彩时她为我们的杂志捐赠了 2000 美元，因此我们很期待她这次也能给我们提供一些资金上的帮助。但是天上没有掉下馅饼。女士没有捐赠一分钱，却为我们提供了胜于金钱千倍的东西。

记得在整个会议过程中，这位女士一直保持沉默，直到最后一刻她才开口道："先生们，我想你们这次一定在期待我做出捐赠吧，我也想帮你们，但绝不会再给你们一分钱的资助，因为这非但不能帮到你们，反正会将整个杂志的运作推向更深的深渊。这次，"她继续道，"我会给你们比金钱重要千倍的东西。"

大家都很惊讶，无法想象在此时有什么会比流动资金更有价值。

"我有一个想法，"她对我们说，"我觉得我们应该想出一个具有建设性的创意方案，让它来帮助整个杂志起死回生。"

无可奈何之下，我们失望地思忖着："怎么样才可能拿一个创意的点子来支付一笔不小的账单费用呢？"

不要紧张，事实上，正是那个创意最终帮我们偿还了所有的债务。纵观这个世界，几乎所有的成就都是从一个非凡的创意开始的。有了创意，再借助信念的力量，人就能找到各种实现创意的方法，这便是成功之道。

"我来说明一下，你们现在面临的问题是什么呢？你们缺乏所有的东西，缺少资金，缺乏订户，缺乏设备，不仅如此，你们还缺乏思想，缺少勇气。为什么你们会缺乏一切东西？那是因为你们的思维的源泉枯竭了。贫乏的思想只能制造贫乏的结果。一味地强调自己缺少某些硬件条件，缺少环境的支持只会让你们不断丧失自己的创造力。没有创造力，你们又何来动力去壮大《路标》的影响呢？从现在的工作角度来看，你们的确一直在努力地工作，可惜却没能做好最重要的一件事。做好了这件事，你们才会有猛虎下山之势，才能马到成功。我要说的这件事就是学会积极地思考，换句话说就是，你们的思想还处于一片苍白无力的状态。"

"想要扭转局势，就需要改变你们的思维方式。尝试想象繁荣、成功和成就之类的内容，这需要练习。一旦你们感受到了信念的力量，很快就能学会积极思考的方式。要想看到《路标》的成功，首先要在脑子里构思一幅蓝图：《路标》成为了一本极其成功的杂志，它的发售遍及全国各地，拥有无数的读者，每个人都如饥似渴地阅读这本关于信念的杂志，并且从中获益良多。我们要有这样一个共识，那就是月刊《路标》的成功教育哲学，正在改变人们的生活。"

"不要只是想着困难和失败，你们要不断提升自己的思想高度以超越它们，你们需要展现自己的真实力量，要努力实现梦想。当你们把思想提升到积极思考如何才能获得成功时，就能把困难踩在脚下，而不是站在下面仰望他们。以此，你们看到的将会是一幅更为振奋的景象。要不断跨越障碍和困难，而不是站在下面一步步慢慢靠近它。"

"现在，我再问你们，"她说，"要使《路标》杂志继续运作下去，你们目前需要多少订户？"

我们快速计算了下说:"10 万。"事实上,我们当时已经拥有了 4 万订户。

"没问题,"她自信地说,"这并不困难,很简单,想象一下,《路标》已经影响并且帮助了 10 万个人,你们已经拥有了 10 万的订户。实际上,只要你有了这个想法,你就已经拥有了他们。"

她转向我说:"诺曼,现在你能看到那 10 万订户吗?想象他们现在就在外面,你能看到他们吗?"

当时我并不完全相信她所说的,所以回答得相当犹豫:"嗯,也许吧,不过看不太清楚,他们的样子都很模糊。"

对我的回答,她可能有些失望,又问道:"你难道无法想象出你们已经有了 10 万的订户吗?"

我得承认我的想象力的确不好,看到的只是不足的那一部分,而不是已有的 4 万定刊数。

然后,她转向我的老朋友雷蒙得·索恩博格,一个幸运地拥有成功特质的商人,唤着他的小名问:"皮可,你能看到那 10 万订户吗?"

我很怀疑皮可是否真能看到他们。我的这位老朋友是一个橡胶生产商,但他总会从百忙之中抽出时间来无偿地为《路标》的发展提供帮助。一般没有人会认为一个橡胶生产商会对这种思维方式产生共鸣,但他就是具有这种想象力和创造力。他脸上出现了梦幻般的表情,与其说在思考问题,不如说他正两眼直直盯着前方。"你看到那 10 万订户了?"

"是的,"他激动地叫起来,"是的,我真的看到了。"

我吃惊地问道:"在哪里?指给我看看。"

然后，我也看到了那 10 万订户。

"现在，"我们的朋友继续道，"信念的力量发生了作用，让我们看到了那 10 万订户。"

事实就像是《圣经》中所说的那样："你们祷告，无论求什么，只要信，就必得着。"也就是说，在你祷告的同时，也要能预见到你所祈祷的结局。只要坚信自己的所为是有意义的行为，是为了全人类的利益，而不是为了自己的私欲，那么就一定会实现愿望。

如果说上面的理论过程还不足以让你信服，那么我可以再告诉你一个事实：从那时候起一直到现在，我们创办《路标》的过程里再也没出类似的因为物资限制而影响制作的情况。我们完全能够以自己的力量来支付所有的成本花费，我们可以按需要添购任何仪器设备。这为杂志的发展提供了坚实的经济基础。在我写这本书的时候，《路标》已经创下了接近 5 万的订户记录，陆陆续续地我们还会有更多的订阅客户，有时候杂志一天的销售量就可以达到三四千。

尽管我向所有的读者强烈推荐这本杂志，但引用这个例子的本意并不是替它做广告。当然，如果你想订阅，可以写信到纽约市鲍林镇《路标》杂志社进行咨询。我之所以讲这个故事是因为我对这段经历充满了感激。它让我于无意中发现了一个人该如何获得成功，让我明白了这个伟大的真理。此后，我还利用这个法则解决了许多私人生活中的问题。我惊喜地发现每当我这么做的时候，总能取得令人惊叹的成果，而一旦我忘记了它，就会与成功失之交臂。

这就如同把所有的难题交给信念一样简单。提升你的思想高度，藐视那些困难，而不是去仰视它。用信念来检验你理想的正确性。也就是说，不要试图从错误的事物中去追求成功，要确信它无论是在道德上、精神上还是伦理上都是正确的。谬误永远无法产生真理。一旦你的想法出了错误，那么你做的事情就是错误的，永远也不可能变成正确。只要它的本质是错的，得到的结果也必定是错误的。

所以，首先要确定你的理想是正确的，然后去坚持它，预见你将取得的伟大成就。脑海里始终要有希望成功的强烈意识，不要接受失败观念的暗示。如果你有了失败的消极念头，就用更强烈的积极思想将之驱逐出境。大声地告诉自己："信念引导我成功。"秉持这种信念，锲而不舍，你一定能实现自己理想。这个创造性的过程用几个词概括来说就是：预见，祈祷，实现目标。

各行各业的成功人士都知道这个定律。

亨利·J.凯泽告诉我，有一次，他在河边建造一座堤坝。暴风雨袭来，洪水淹没了所有的推土机，并摧毁了他们已经完成的那部分项目。洪水退去后，他外出视察情况，看到他的工人们都神情抑郁地看着那些淤泥以及埋在其中的推土机。

他走到他们面前，微笑着说："你们为什么这么难过？"

"你没看到吗？"他们反问道，"我们的机器都被埋在淤泥里了。"

"什么淤泥？"他轻快地问道。

"什么淤泥！"他们震惊地重复，"看看周围，这里已经是一片淤泥的海洋了。"

"哦？"他笑起来，"我并没有看到什么淤泥啊。"

"你怎么能那样说呢？"他们问道。

"因为，"凯泽先生说，"我抬起头，看到的是一片晴朗蔚蓝的天空，那里只有阳光，没有什么淤泥。我还没见过有什么淤泥能和阳光相对抗的呢。它很快就会被晒干了，到时你们就可以开动你们的机器从头开始工作了。"

他说得多么正确。如果你的眼睛只看到脚下的那些淤泥，就只会感觉满心的挫败。但如果你能乐观地预见将来，坚持理想并且不断祈祷，就必定能取得成功。

我的另外一个朋友，从最不起眼的工作做起，如今已经取得了骄人的成就。记得上学那时，他是个有点笨拙、不太讨人喜欢却又非常害羞的农村男孩。可我一直固执地认为他是所有人里面最聪明的一个。果然，他现在已经成为行业里的佼佼者。我问他："你成功的秘诀是什么？"

"这要归功于这些年来一直和我进行团结合作的那些人，以及美国这片土地给予每个青年的无限机遇。"他回答。

"是的，确实如此。不过我相信，除此之外，你肯定还有一些个人技巧以助你取得如此辉煌的业绩。说来听听吧。"我说。

"其实这完全取决于我们如何看待困难，"他回答说，"第一，在面对困难时要保持积极主动的态度，要想办法把它分解成几部分；第二，虔诚地为它祷告；第三，预见成功的将来；第四，我总是不断地问自己：'怎么做才是正确的？'因为，如果出发点是错误的话，那么就不可能得到任何正确的结果。真理决不会从谬误中产生；第五，倾我所有为实现它而不断努力。这里，我要再次强调一下，"他总结说，"一旦你的脑海里出现了失败的念头，请立即改变你的想法，从全新的角度积极地思考，这是克服困难取得成功最基本也是最主要的原则。"

如果当你在读这本书的时候在脑海里形成了一种积极的意识，那么请释放它，让它茁壮成长。它会帮你解决相关的资金问题，会改善你的生意状况，会帮你照顾好家人和自己，并且它还会帮你在投资中获得成功。只要不断吸收具有创新性的思维，将其运用于实际操作中，你就可以重建起全新的生活。

曾经有一段时间，我愚蠢地认为信仰和成功是毫不相干的两个概念。我们讨论宗教问题时不会和成功扯上关系，宗教只和伦理道德和社会价值取向有关。但现在我终于明白了这种观点事实上限制了信仰力量的流通和个人的发展。宗教告诉我们人自身之中存在着一股非常强大的力量，一旦爆发出来，便能帮助人们跨越一切困难获得成功。

我们已经见识了原子能的力量，证明了宇宙中确实存在着那样令人震撼的力量，所以这足以说明人类也有产生这种力量的潜质。世上再没有什么能比人的思想更有潜力的了。一个普通人能取得的成就远要比他想象中的大得多。

这个道理放之四海而皆准。当你逐渐学会了释放自身的潜力时就会发现你的思想有着创造性的价值，会让你感到一切不再匮乏。只要充分正确地运用上帝的力量，你就定会在生活中取得成功。

你能实现生活中的任何梦想——任何你为之坚信，为之祈祷，为之努力工作的事物。深入地审视你的思想，奇迹就在那里。

不管你身处何种境地，你都能够改变它。首先，要平心静气，这样灵感才会油然而生。其次，相信信念的力量正在帮助你，努力去预见成功的将来。以正确的准则为精神基础，合理安排自己的生活。坚定地秉持胜利而不是失败的观念。照这么做，创意就会在你脑海里自由遨行。这是一个神奇的定律，它可以改变任何人，包括你的生活。

不管你现在面临何种困难，需要强调的是无论这困难是大是小，我们都需要不断吸收新的思想来改造自己。

我们在最后的分析中指出，人之所以无法成功是由于自身的一些问题困扰了他。一个人的想法错了，就需要改正思想中的这些错误，需要练习正确的思考方式。一个人要弃恶从善，就必须纠正自己思想上的错误，完成从错误到正确、从谬误到真理的转变。成功的秘诀即是减少自身的错误，提高思想的正确性。正确、健康的思想能有效地改善你的生活环境，因为真理总是能够引导正确的旅程，得出正确的结论。

几年前，我认识了一个年轻人。有一阵子，他的情况非常糟糕，几乎可以说是我见到过的失败得最离谱的人。尽管小伙子的性格热情开朗，但总免不了四处碰壁。开始时，有人愿意雇用他，热情地接待他，但很快这种热情就会退却。不过多日，他也就被辞退了。类似的事情接二连三地发生，他的职场生涯屡屡遭挫。人生也是如此，他做事总是失败，在外人看起来可以说是一无是处。就连他本人也经常问我：

"我这是怎么了，为什么每一件事情都做得不对?"

年轻人办事不成功，同时还很自负。他是个骄傲、自鸣得意的人，凡事遇到问题总是将责任推卸在别人身上，从不做自我检讨。在工作的过程中，他几乎得罪了所有的办公室成员，没有一个小组喜欢接受他。他将自己的失败归咎于别人，却从没想过问题其实出在自己身上，他从没真正认识过自己。

但是，有一天他忽然找到我，因为当时有一场演讲需要参加，所以年轻人充当了我的义务驾驶员。在往返几百公里途中，我们同坐在一辆车。做完演讲已经是午夜了，在回程的路上他要了一个汉堡充饥。我不知道当时的汉堡里到底放了什么，不过从那次以后，我就对汉堡有了一种特殊的敬意。话说回来，那刻我只听见他大叫道："我知道了! 我知道了!"

"你知道什么了?"我惊讶地问。

"我知道问题的答案了。我终于知道自己的问题出在哪里了。我每件事都做不好不是因为别人的关系，是因为我自己出错了。"

我轻拍他的背说："孩子，别这样，至少我们还在路上呢。"

"有什么关系! 我终于认识到了这一点，"他说，"原来一直以来都是我的思想问题，我错误的思考方式导致了错误的选择。"

我不忍打断他，于是两个人一起走到车外，在月色下我对他说："哈利，认识到问题还不够，你还需要向前走一步，你应该矫正你的思想。让真理融入你的思想,让成功与你相伴。"

从那以后年轻人在信念的支持下,思想与性格都发生了巨大的变化。错误的想法、错误的举动都离他远去。如今,他拥有完整健康的思想体系,从前那个偏执、狂妄的人不见了。他矫正了自己的态度,接着每一件事都变得顺利了。

照着下面所列的 7 条法则去做,它们会改变你的消极态度,会帮你释放积极、充满活力的思想,会纠正你错误的思维模式。所以尝试一下吧,努力去练习,它们会给你带去意想不到的效果。

1. 在接下来的 24 小时内,用充满希望的态度来描述每一件事,说你的工作、你的身体、你的未来。不要回到过去的生活模式里,无论在任何情况下都要保持积极乐观。这或许有点困难,因为可能你已经习惯于用消极悲观的态度看待事物。但是记住消极的态度会限制你的能力,哪怕你怀有希望。

2. 在 24 小时之后,继续保持相同的状态,用积极的思想过完接下来的一个星期,然后你可以回到"现实"中生活一到两天。届时你会发现在一个星期以前你眼中的"现实"与现在眼中的"现实"已经完全不同了,之前的"现实"意味着不好的结果,而现在的"现实"却都是希望的开端。现代人口口声声宣扬的"现实",其实是在削弱他们的勇气与能力,他们被悲观的态度捆住了手脚。

3. 人的身体需要粮食来补充能量,精神也不例外。想要让精神保持健康,你首先要给它足够的营养,所谓的营养就是积极的思想。因此,每天清晨醒来,都请调整好你的思想,让它保持乐观开朗。

4. 将你的好朋友列一张清单，看看在这些人中哪个拥有最健康的思维模式，学习他的处事态度。不要抛弃那些思想消极的朋友，你要通过不断的学习来提升自己的思想境界。当你拥有足够积极的人生态度时,请去消极者的身边，去为他们灌输正确的思想，让他们也燃起生命的希望。

5. 不要做无谓的斗争。当你发现自己的情绪里有消极成分时，用积极乐观的思想去战胜它。

6. 经常祈祷，并且在祈祷时时刻保持一颗感恩的心，你应感谢生活赐予你的一切。只有当你心中的信念坚定不移时，它才会为你带去福音。用信念将自己武装起来，你将获得战胜一切的力量。

想要过上更加美好，更加成功的生活吗？那么请丢弃你那套陈旧、不健康的思想吧。用新的充满活力的信念取代它。你应该生活在信仰之上——新的思想会为你带来新的生活。

扫码获取
更多资源

扫码获取更多资源

世界上最伟大的
励志书之一